短视频编辑与制作

主编 章诗颖 雷颖晖
副主编 曾洁贤 王 菲 李婷婷
参编 陈 惠 丁文玉 邓洁莹 何翠玲 卢嘉玲

电子工业出版社·

Publishing House of Electronics Industry

北京·BEIJING

内 容 简 介

本书集理论与实操为一体，以企业工作过程为主线，以岗位典型工作任务为主要内容，以综合职业能力培养为目标，并有机融入课程思政，强化立德树人。

本书采用项目化设计方案，包含短视频平台认知与基本操作、短视频的内容策划与文案撰写、短视频的拍摄准备与拍摄技巧、短视频的剪辑处理、短视频基础运营知识、短视频拍摄与制作实战 6 个项目。

同时，随书提供相关案例素材、多媒体课件、教案等，并配备相关教学微课，直接扫描书中二维码即可观看。

本书适用于中高职院校的电子商务、网络营销、市场营销、新媒体营销等相关专业，也可供相关培训机构及广大短视频制作爱好者和创作者学习和使用。

图书在版编目（CIP）数据

短视频编辑与制作 / 章诗颖，雷颖晖主编. —北京：电子工业出版社，2023.12

ISBN 978-7-121-47085-1

Ⅰ. ①短…　Ⅱ. ①章…②雷…　Ⅲ. ①视频制作—教材　Ⅳ. ①TN948.4

中国国家版本馆 CIP 数据核字（2023）第 252974 号

责任编辑：陈　虹

印　　刷：大厂回族自治县聚鑫印刷有限责任公司

装　　订：大厂回族自治县聚鑫印刷有限责任公司

出版发行：电子工业出版社

　　　　　北京市海淀区万寿路 173 信箱　　　邮编：100036

开　　本：880×1230　　1/16　　印张：14.25　　字数：324 千字

版　　次：2023 年 12 月第 1 版

印　　次：2024 年 9 月第 3 次印刷

定　　价：43.00 元

凡所购买电子工业出版社图书有缺损问题，请向购买书店调换。若书店售缺，请与本社发行部联系。联系及邮购电话：（010）88254888，88258888。

质量投诉请发邮件至 zlts@phei.com.cn，盗版侵权举报请发邮件至 dbqq@phei.com.cn。

本书咨询联系方式：chitty@phei.com.cn。

前言

2021年10月，国务院办公厅印发《关于推动现代职业教育高质量发展的意见》，强调要以岗位需求设计开发课程，开展项目教学、情境教学、模块化教学，并将新技术、新工艺等及时纳入教学内容。

中国互联网络信息中心（CNNIC）发布的第51次《中国互联网络发展状况统计报告》（第51次）显示，截至2022年12月，我国短视频用户规模首次突破十亿，用户使用率高达94.8%。行业的蓬勃发展催生出了大量短视频相关岗位需求，对从业人员的职业能力与职业素养也提出了新的要求。

"短视频编辑与制作"是新媒体营销相关专业的一门核心课程，本书以美景视觉创意工作室的运营助理"林凯"为主人公，围绕其一步步帮助广州捷维皮具有限公司进行短视频制作为全书任务主线。以趣味的方式，帮助学生带入情境，理论结合案例进行任务驱动，帮助学生逐步学会短视频平台认知与基本操作、短视频的内容策划与文案撰写、短视频的拍摄准备与拍摄技巧、短视频的剪辑处理、短视频基础运营知识、短视频拍摄与制作实战等内容。本书具有以下特点。

1. 编写体例创新，突出实践性。

打破传统教材"章、节"编写模式，采用典型工作任务项目化开发模式，根据工作任务进行项目设计。以教学内容项目化、项目实施任务化、任务落实情境化、教学资源数字化构建符合行业发展和体现职业特色的课程教材。在教材编排上，包含"学一学""案例""练一练"等环节，体现了"学导相融、学做合一"的教学思路。

2. 教材内容新颖，立足行业前言。

本书按照"以学生为中心、以职业能力为导向"的设计理念，以应用为目的，以适度够用为原则。以企业工作过程为主线，以岗位典型工作任务为主要内容，立足短视频行业前沿知识，融入人工智能技术，与相应的职业资格标准接轨，通过大量案例实操，设置相应的任务和活动，帮助读者真正学会短视频编辑与制作技能。

3. 融入课程思政，落实立德树人。

在知识传授和技能培养过程中，帮助学生树立文化自信、民族自信、岗位责任意识，培养学生诚信的职业理念、坚定不移的法制理念，以及对作品精益求精的工匠精神，养成科学严谨、实事求是、耐心细致的工作态度。以提升学生的职业素养与职业能力，落实立德树人，实现行知合一、复合型技术人才的培养目标。

4．配套资源丰富，辅助教学实施。

本书提供配套的精美 PPT 课件、课程标准、电子教案、微课等教学资源，以辅助教师更好地开展教学实施。可以采用线上线下相结合的混合式教学方式，激发学生的学习兴趣，提高教学效率，增强教学效果。

本书由珠海市第一中等职业学校章诗颖、雷颖晖任主编，佛山市陈登职业技术学校曾洁贤、李婷婷及珠海市第一中等职业学校王菲任副主编，珠海市第一中等职业学校陈惠、佛山市陈登职业技术学校丁文玉、邓洁莹、何翠玲、卢嘉玲也参与了本书的编写工作。

编者资历有限，在编写过程中力求完善、准确，但难免有所疏漏和不足，敬请广大读者批评指正。

编　者

目录

项目一
短视频平台认知与基本操作

 【项目导入】

短视频发展态势

短视频即短片视频，是一种互联网内容传播方式，随着移动终端的普及和网络的提速，短平快的大流量传播内容逐渐获得各大平台、粉丝和资本的青睐。根据《中国互联网络发展状况统计报告》，截至 2021 年 12 月，我国短视频用户规模约为 9.34 亿人，占网民整体的 90.5%。

抖音（短视频平台）自 2017 年出现在大众视野以来，就一直维持着令人惊叹的增长速度。根据 2018 年 2 月极光大数据的监测结果显示，每 100 台活跃终端中，就有超过 14 台安装有抖音短视频应用，用户每日的平均使用时间约达半个小时。随着流量的不断叠增，抖音的商业化价值逐渐显现，越来越多的品牌也将目光投向这块营销新大陆，"抖"出来的营销方式更是琳琅满目。

抖音在国内成功搅动市场后，随后创建海外版 TikTok，打入多国市场，并大受欢迎。

根据 2020 年 4 月 Sensor Tower 发布的数据显示，TikTok 在全球 App Store 和 Google Play 应用商店的总下载量已突破 20 亿次。根据 2020 年 12 月 Sensor Tower 发布的数据显示，TikTok 下载量排名前三的市场为印度、巴西和美国，分别占 16.9%、9.2% 和 8.2%。

思考：1. 本案例中抖音走出国门，在国际市场上取得了哪些亮眼的成就？

2. 为什么短视频能快速得到人们的青睐？

【项目目标】

知识目标：

1. 了解短视频的基本概念、特点、营销价值和分类。

2. 认识目前短视频市场的主流平台及其基础设置。

3. 熟悉短视频个人页面的设置方法和封面标题的撰写方法。

4. 了解短视频账号定位的含义、原则及方法。

技能目标：

1. 能够对短视频进行准确的分类。

2. 能够完成短视频平台的基础设置，进行账号注册、安全设置及账号认证。

3. 能够根据短视频账号需求，完成个人主页的设计与制作。

4. 能够根据不同的内容需求，进行短视频账号定位。

素养目标：

1. 树立"中国品牌"的文化自信。

2. 引导学生学以致用，践行科技助农、电商兴农、助力乡村振兴的理念。

3. 增强学生规范经营、遵守法律法规的新媒体从业素质。

4. 树立文化传承意识，传播中华优秀传统文化。

 ## 【项目导图】

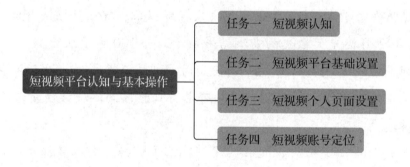

短视频平台认知与基本操作
- 任务一 短视频认知
- 任务二 短视频平台基础设置
- 任务三 短视频个人页面设置
- 任务四 短视频账号定位

任务一　短视频认知

【任务导入】

　　林凯了解到学校的美景视觉创意工作室近期承接了广州捷维皮具有限公司的产品推广业务，并正在为此招募短视频项目的运营助理。如今，短视频无论是用户数量还是市场规模都达到了全新的高度，展现出了蓬勃的发展潜力和成长势头。林凯也感受到了这个变化，希望能够加入短视频行业。为了能够获得这个岗位，林凯赶紧上网查找相关资料，了解短视频行业的相关发展情况。

活动一　了解短视频概念及主要特点

活动描述

　　为了尽快了解短视频行业，林凯首先需要了解什么是短视频及其发展历程，短视频火爆的原因及其营销价值，以及短视频的特点。

活动实施

学一学

1. 什么是短视频？

　　短视频是指一种视频时长以秒计数，一般在 10 分钟以内，主要依托于移动智能终端实现快速拍摄和美化编辑功能、可在社交媒体平台上实现分享和无缝对接的新型视频形式。

2. 短视频经历了哪几个发展阶段？

　　短视频的飞速发展经历了以下 4 个阶段，如图 1-1-1 所示。

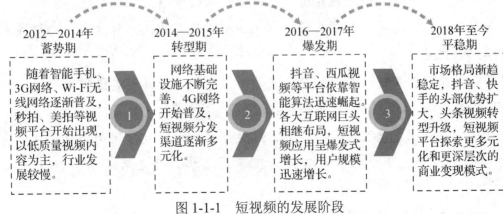

图 1-1-1　短视频的发展阶段

步骤一： 了解短视频的特点及其与长视频的区别。

学一学

通常而言，短视频具有以下几个显著的特点。

（1）视频内容时长短。短视频一般时长在几秒钟到几分钟之间，符合现在快节奏的生活，可以让用户充分利用碎片化时间，降低参与的时间成本。

（2）制作门槛低。短视频生产过程简单，制作门槛低，一部手机就可以完成拍摄、制作、上传分享。

（3）内容多样化。短视频内容传达直观的信息，表现内容、形式多元化，贴近生活，用户既是观看者，也可以是内容创作者，具有很强的参与性。

（4）具有社交属性，互动性强。短视频信息传播力度大、范围广、互动性强。点赞、分享、评论等互动手段，使其具有极强的互动性。

访问百度搜索引擎，输入关键字"短视频与长视频的区别"，点击搜索栏下方的"视频"按钮，可以看到与"短视频与长视频的区别"相关的视频推送，完成观看后进行归纳和总结，填写表1-1-1，并在班级内进行分享。

表 1-1-1　短视频与长视频的区别

短视频与长视频的区别	

步骤二： 了解短视频的营销价值及其趋势。

学一学

与其他营销方式相比，短视频具有以下几个鲜明的营销价值。

（1）营销成本低。与传统的广告营销相比，短视频营销的制作成本、传播成本及维护成本具有明显的优势。

（2）营销效果较为显著。短视频与图文、音频等相比，具有更强的画面感染力和冲击力，同时可以直接和电商平台、直播平台相结合，盈利模式更加直接。

（3）目标受众明确。通过大数据分析，短视频平台可以直接找到企业的目标消费者。短视频平台还可以通过用户的自定义搜索及不定期举办的主题活动来精准地找到目标用户。

（4）互动性强。用户可以通过点赞、评论、转发等和企业直接进行互动。企业可以通过用户的互动反馈，搜集用户意见，对自身进行针对性的改进。

（5）效果可衡量。通过后台数据，视频发布者可以对视频的传播数据和营销效果进行分析和衡量。

（6）传播性强。短视频凭借其短小精悍的形式，符合用户碎片化信息获取的需求，具有传播性强的特点。

再次利用百度搜索相关信息，输入"短视频的营销趋势"，然后进行归纳和总结，填写表 1-1-2，并在班级内进行分享。

表 1-1-2　短视频的营销趋势

短视频的营销趋势	

【案例 1-1-1】

想一想

短视频让乡村经济活起来

一次偶然的机会，"90 后"返乡创业青年王某分享了利用废弃玉米秆种植出漂亮平菇的短视频，受到了网友的广泛关注，从此她开启了在抖音分享农业知识和技术之路。如今，她的抖音账号已拥有 260 多万粉丝，置顶的那条菌菇种植技巧分享视频，已经被观看过 1.7 万次，点赞量过百万。如今，王某不仅是一个网红，而且通过抖音短视频，还成为了村民致富和产业发展的领头人。她教授当地农民种植技术，也帮助县里上千农户销售农产品，销售额达上百万元，仅 2021 年就收购了超过 50 吨农产品。在她的带领下，当地农民人均一年增收也十分可观。

如今，她白天拍摄乡村生活的短视频，晚上化身"乡村主播"带货挣钱，成为了许多农民朋友当下劳作和生活的写照。互联网为农村地区的脱贫攻坚注入了新力量，成为当地新农村经济增长的新模式。凭借短视频和直播，很多农特产品从产地直销到城市，为农村经济的发展提供了极大的助力。

案例讨论： 1. 像王某这样的乡村短视频创作者是如何助力当地经济发展的？

　　　　　　　2. 为什么越来越多的农民朋友选择利用短视频和直播进行营销？

练一练

选择一则让你印象深刻的短视频，说一说它有什么特点，以及让你印象深刻的原因是什么。请在班级内进行分享。

活动二　了解短视频的分类

**活动描述**

　　随着新媒体的发展，短视频的内容也越来越多元化，融合了技能分享、幽默高效、时尚潮流、社会热点、街头采访、公益教育、广告创意、商业定制等诸多主题。林凯在认识了短视频的含义、特点和营销价值后，他还想了解短视频具体有哪些分类。

**活动实施**

学一学

　　短视频的类型有很多种，可以按照不同的标准对其进行分类，常见的分类方式可以按生产方式、表现形式、视频内容进行分类，如表 1-1-3、表 1-1-4、表 1-1-5 所示。

表 1-1-3　短视频的分类（按生产方式）

按生产方式分类		
1	UGC（User Generated Content）	指普通用户，即非专业的个人内容生产者原创的短视频。特点是制作门槛较低、手法简单、内容质量良莠不齐。人们在短视频平台看到的大多是 UGC 短视频
2	PGC（Professional Generated Content）	指专业生产并发布的视频。相当于专业化、团队化后的 UGC。这类生产者主要是来自新闻单位、非新闻单位网站或者平台等机构的专业人士，他们可以进行原创、伪原创稿件、专题栏目制作等
3	MCN（Multi-Channel Network）	指一种多频道网络的产品形态。本质上是一种新的网红经济运营模式，通过将 PGC 内容联合起来，在资本的有力支持下，保障内容的持续输出，从而最终实现商业的稳定变现

表 1-1-4　短视频的分类（按表现形式）

按表现形式分类		
1	短纪录片	纪录片是以真实生活为创作素材，以真人真事为表现，并对其进行艺术的加工与展现，以展现真实为本质，并采用引发人们思考的电影或电视艺术形式。短纪录片与纪录片相比，主要是时长更短，一般在 15 分钟以内
2	情景短剧	该类视频短剧多以搞笑创意为主，在互联网上有非常广泛的传播
3	解说类短视频	指短视频创作者对已有素材（图片或视频）进行二次加工、创作，配以文字解说或语音解说，加上背景音乐合成的短视频
4	脱口秀短视频	脱口秀也称谈话节目，脱口秀短视频通常由出镜者一人发表自己的观点，内容多样
5	Vlog	Vlog 是视频博客，属于博客的一种，Vlog 的时长一般在 10～15 分钟。Vlog 作者以影像代替文字或相片，写个人网志，上传后与网友分享

表 1-1-5　短视频的分类（按视频内容）

按视频内容分类		
1	日常分享类	与人们的日常生活息息相关，内容贴近生活，能够引发用户共鸣，视频内容覆盖范围较广，涉及生活中的方方面面
2	技能分享类	包括科普、旅游、美妆等内容的技能分享，因具有很高的实用性而广受用户好评
3	幽默类	视频内容以日常生活为主，突出某些现象，采用夸张的动作表情和幽默风趣的语言，在搞笑的同时引发观众的共鸣，获得许多用户的喜爱
4	颜值才艺类	通过音乐、舞蹈、小品、戏曲、茶道等才艺，向观众展示自我
5	街头采访类	制作流程简单，话题性强，深受都市年轻群体的喜爱
6	创意剪辑类	利用剪辑技巧和创意，或制作精美震撼，或搞笑幽默，具有一定的观赏性。有的创作者会对已有素材进行二次加工，加入解说、评论等元素，或者加入科技性元素来完成创意效果

请利用互联网，搜集相关信息，完成下列表格内容的填写。

步骤一：利用网络进行搜索，完成调研，按照短视频的生产方式分类，选取典型账号及其代表作品，填写表 1-1-6。

表 1-1-6　按照短视频的生产方式分类典型账号

序　号	账 号 类 型	典型账号1	代 表 作 品	典型账号2	代 表 作 品
1	UGC				
2	PGC				
3	MCN				

步骤二：利用网络进行搜索，完成调研，按照短视频的表现形式分类，选取典型账号及其代表作品，填写表 1-1-7。

表 1-1-7　按照短视频的表现形式分类典型账号

序　号	账 号 类 型	典型账号1	代 表 作 品	典型账号2	代 表 作 品
1	短纪录片				
2	情景短剧				
3	解说类短视频				
4	脱口秀短视频				
5	Vlog				

步骤三：利用网络进行搜索，完成调研，按照短视频的视频内容分类，选取典型账号及其代表作品，填写表 1-1-8。

表 1-1-8　按照短视频的视频内容分类典型账号

序　号	账 号 类 型	典型账号1	代 表 作 品	典型账号2	代 表 作 品
1	日常分享类				
2	技能分享类				

序　号	账号类型	典型账号1	代表作品	典型账号2	代表作品
3	幽默类				
4	颜值才艺类				
5	街头采访类				
6	创意剪辑类				

活动三　认识主流短视频平台

活动描述

随着短视频行业的迅速崛起，用户数量激增，资本争相进入，各个短视频平台迅速积累了庞大的活跃用户数量，创造了极大的商业价值。在了解了短视频的特点、营销价值和分类后，林凯还想了解主流的短视频平台有哪些，以及它们的上线时间和平台特征等。

活动实施

步骤一：认识主流短视频平台。

> **学一学**
>
> 　市面上主流的短视频平台大体可以分为 3 种：以抖音、快手、微视等为主的社交类短视频，以西瓜视频、秒拍等为首的资讯类短视频，以淘宝主图视频、京东主图视频等为主的电商类短视频。

登录手机应用市场，搜索关键字"短视频"，查询此类 App 的下载排行榜，并在表 1-1-9 中记录排名前五的短视频平台的下载量。

表 1-1-9　主流短视频平台

序　号	短视频 App 名称	下 载 量
1		
2		
3		
4		
5		

步骤二：了解抖音平台。

> **学一学**
>
> 　抖音是由字节跳动孵化的一款音乐创意短视频社交软件。该软件于 2016 年 9 月 20 日上线，是一个主要面向年轻人的短视频社区平台，用户可以通过这款软件选择歌曲、拍摄音乐作品形成自己的作品。截至 2022 年 3 月，抖音平台日活量已突破 7 亿，是我国目前第

一大短视频平台。抖音能够迅速占领短视频市场，离不开它强大的技术支持和极大的变现潜力。

1. 登录抖音官网，全面了解抖音平台的页面布局、页面功能、服务内容等。

2. 利用百度搜索相关信息，了解抖音的上线时间、平台特征和短视频类型，填写表 1-1-10，并进行分享。

表 1-1-10　抖音的上线时间、平台特征和短视频类型

平　　台	上　线　时　间	平　台　特　征	短视频类型
抖音			

步骤三：了解快手平台。

学一学

快手的前身 GIF 快手于 2011 年诞生，是制作和分享 GIF 动图的手机应用平台。2012 年 11 月，快手从工具应用转型成为短视频平台，为用户提供记录和分享生活的平台。2013 年 7 月正式更名为"快手"。2015 年开始迅猛发展，长期占据短视频第一位。后被抖音超越，目前是国内第二大短视频平台。该平台优势在于拥有大量的普通用户群，用户黏度高。

---

1. 登录快手官网，全面了解快手平台的页面布局、页面功能、服务内容等。

2. 利用百度搜索相关信息，了解快手的上线时间、平台特征和短视频类型，填写表 1-1-11，并进行分享。

表 1-1-11　快手的上线时间、平台特征和短视频类型

平　　台	上　线　时　间	平　台　特　征	短视频类型
快手			

步骤四：了解哔哩哔哩平台。

学一学

哔哩哔哩，英文名称为"bilibili"，简称 B 站，现为中国年轻一代高度聚集的文化社区和视频平台。该网站于 2009 年 6 月 26 日创建，被网友们亲切地称为"B 站"。B 站早期是一个 ACG（动画、漫画、游戏）内容创作与分享的视频网站。随后不断扩充视频种类，使受众覆盖面变广，用户数量也迅速增长。与其他视频平台不同，哔哩哔哩广告极少，用户体验方面有明显的优势，而且平台上学习资源非常丰富，是我国用户规模最大、内容最丰富的主流学习平台之一。

---

1. 登录哔哩哔哩官网，全面了解哔哩哔哩平台的页面布局、页面功能、服务内容等。

2. 利用百度搜索相关信息，了解哔哩哔哩的上线时间、平台特征和短视频类型，填写表 1-1-12，并进行分享。

表 1-1-12　哔哩哔哩的上线时间、平台特征和短视频类型

平　台	上　线　时　间	平　台　特　征	短视频类型
哔哩哔哩			

练一练

利用百度搜索相关信息，了解西瓜视频、小红书、微视的上线时间、平台特征和短视频类型，请把整理结果记录在文档中进行保存，文件以"班级+学号+姓名"的方式命名后，在线上进行提交。

任务二　短视频平台基础设置

【任务导入】

林凯在了解了短视频行业的相关发展情况后，成功应聘上了学校的美景视觉创意工作室短视频项目的运营助理岗位。现在，他需要认识主流短视频平台的基础设置，以便更好地胜任短视频运营助理工作。

活动一　注册短视频平台账号

活动描述

为了了解短视频平台的基础设置，林凯决定从抖音 App 开始学习，注册抖音账号是了解抖音短视频 App 的第一步。林凯在手机上下载并安装好抖音 App 后，准备开始注册账号，并在注册账号后对抖音号昵称、头像等进行设置。

活动实施

步骤一：注册抖音账号[①]。启动抖音 App，点击右下角"我"项，进入登录页面，如图 1-2-1 所示。勾选"我已阅读并同意"相关协议，输入手机号码，点击"验证并登录"项，如图 1-2-2 所示，输入验证码后，即可完成登录。

除了通过手机号码登录，用户也可以通过今日头条、QQ、微信、微博等第三方账号进行登录。

---

① 本书抖音平台版本号为：v24.5.0。

图 1-2-1　登录抖音

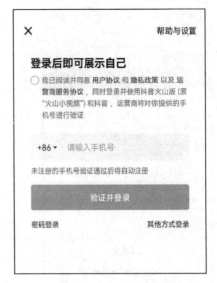

图 1-2-2　输入手机号

步骤二：设置抖音账号的名称。

学一学

账号名称等同于品牌标志，能够在用户思维中产生精准定位。好的抖音账号名称应该具备以下特点：

1. 好记忆。好的账号名称应该是简短、顺口、简单的。不要使用生僻字。取名的过程中，可以使用数字、叠词、俚语等来增加昵称的丰富性和趣味性。

2. 好理解。好的账号名称应该表明立意，让用户能一眼识别，从而更有针对性地吸引关注。可以使用公式：品牌标签+价值标签，如真真教化妆、老钱谈投资等。

3. 好传播。好的账号名称可以使人产生联想，从而进行传播，这也是抖音账号成长的关键。

进入抖音 App 主页面，点击右下角"我"项，然后点击"点击填写名字"项，如图 1-2-3 所示。进入页面后设置抖音账号的名称，如图 1-2-4 所示。

步骤三：设置抖音账号的头像。

学一学

抖音账号的头像代表个人或公司对外的形象，可以帮助用户更好地记住账号。抖音账号头像的选择标准如下：

1. 如果是个人号，那么最好使用正面自拍照或正面全身照。如果是企业号，那么最好使用企业的商标图案或者带有品牌名称的图案。

2. 头像的选择，要符合账号的风格定位。

3. 头像需易于让人记忆，并产生好感，特别是对潜在粉丝。如果潜在粉丝看到第一眼时就反感，那么很可能会拒绝关注。

4. 使用清晰的图片作为头像，不要选择二维码或微信号等做头像，否则容易引起粉丝的反感，也容易导致抖音账号被限流封号。

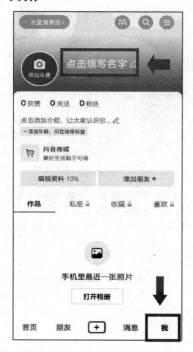

图 1-2-3　填写名字

图 1-2-4　设置名称

在编辑个人资料页面，点击更换头像，如图 1-2-5 所示。在弹出的页面中选"拍一张"或选"相册选择"项，设置抖音账号的头像，如图 1-2-6 所示。

图 1-2-5　点击更换头像图标

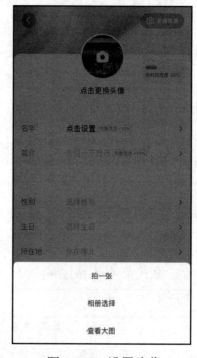

图 1-2-6　设置头像

练一练

请在班级中进行分组，以 4~6 人为单位组成短视频运营小组，在之后的任务中也将以此为单位开展小组任务。同时完成以下任务：1. 请讨论设定好自己所在短视频运营小组的名称、口号、组长等。2. 进行讨论，为合作企业广州捷维皮具有限公司设计账号名称及头像。3. 讨论完毕后在班级内进行分享并说明理由。4. 在主流短视频 App 平台（抖音、快手、西瓜视频、小红书等）进行账号注册，完成基础设置。

活动二　短视频平台安全设置

**活动描述**

为了能够有一个良好的运营环境，用户需要保障短视频账号安全。其中很重要的一点就是熟悉短视频账号安全的保护措施，并能够进行相关设置以提高账号的安全性。林凯对抖音账号进行基础设置后，为了提高账号的安全性，还需要对账号进行安全设置。抖音账号的安全设置包括密码设置、实名认证、账号绑定等。

活动实施

步骤一：设置抖音密码。

1. 打开抖音 App，进入"我"页面，点击右上角"≡"图标，如图 1-2-7 所示，进入"设置"页面，如图 1-2-8 所示。

图 1-2-7　点击右上角"≡"图标　　图 1-2-8　点击"设置"项

2. 如图 1-2-9 所示，点击"账号与安全"项，进入"账号与安全"页面。点击"抖音密码"，如图 1-2-10 所示，进入"请输入新登录密码"页面，完成操作与验证，如图 1-2-11 所示。

图 1-2-9 点击"账号与安全"项

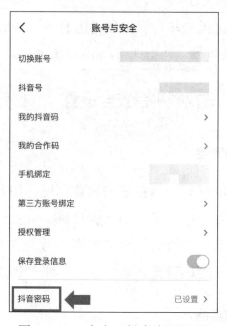

图 1-2-10 点击"抖音密码"项

图 1-2-11 设置登录密码

步骤二： 抖音账号身份实名认证。

1. 如图 1-2-12 所示，在设置页面点击"账号与安全"项，进入"账号与安全"页面。点击"实名认证"项，如图 1-2-13 所示。

2. 打开"实名认证"页面，输入真实姓名和身份证号，勾选同意条款，然后点击"同意协议并认证"项，如图 1-2-14 所示。完成认证后页面显示"实名认证成功"，如图 1-2-15 所示。

图 1-2-12　点击"账号与安全"项

图 1-2-13　点击"实名认证"项

图 1-2-14　"实名认证"页面

图 1-2-15　显示"实名认证成功"

步骤三： 抖音账号绑定。

学一学

目前抖音官方支持的常见第三方账号绑定平台有微信、QQ、新浪微博、今日头条或西瓜视频。抖音账号第三方绑定的好处有：1. 提升账号的安全性；2. 更有利于账号吸粉和推广。

在"账号与安全"页面，点击"第三方账号绑定"项，如图 1-2-16 所示。进入"第三方账号绑定"页面，选择相应的账号进行绑定，如图 1-2-17 所示。

练一练

请以小组为单位，在抖音、快手、西瓜视频、小红书平台分别为广州捷维皮具有限公司进行账号的安全设置，完成密码设置、实名认证和第三方账号绑定。

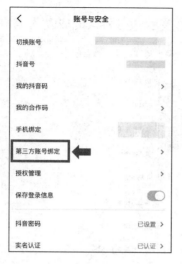

图 1-2-16　点击"第三方账号绑定"项　　　图 1-2-17　选择绑定账号

活动三　企业号认证

活动描述

抖音企业号认证是针对企业组织的认证方式，是企业商户在抖音平台上的经营阵地，能够帮助企业快速建立自己的品牌，实现流量增长和商业价值。林凯在对抖音账号进行安全设置、提高账号的安全性后，还希望在抖音平台上了解企业号的认证规范及如何进行企业号认证。

活动实施

步骤一： 学习企业号认证规范。了解抖音平台的企业认证规范，有助于顺利完成企业号认证。

学一学

企业认证规范

1. 申请主体：具有营业性质的企业或企业下品牌。

2. 昵称信息：

（1）需与营业执照一致，基于公司或品牌名填写的公司或品牌的全称或无歧义简称。

（2）用户名不能涉及色情、暴力、营销宣传、涉党涉军、泛社会泛媒体等。

（3）不能使用个人化昵称。

（4）如体现特定内容，需结合认证信息及其他扩展资料判定。

（5）昵称宽泛的不予通过，涉及以下 3 种。

① 拟人化宽泛，如"小神童"。

② 范围宽泛，如"学英语"等。

③ 地域性宽泛，如"日本旅游"。

（6）昵称中不得包含"最""第一"等广告法严禁使用的词语。

（7）用户品牌名/产品名/商标名涉及常识性词语时，如"海洋之心""随手拍"，必须添加后缀，如 XXApp、XX 网站、XX 软件、XX 官方账号等，否则不予通过。

（8）易与字节跳动系列产品或品牌名产生混淆、疑似官方的昵称不予通过。

3．头像规范：头像应与企业主体或企业品牌相关联。

4．认证信息规范：

（1）基于公司或品牌实际情况填写，体现主体信息、经营范围的信息需与营业执照信息一致；体现商标、游戏、应用、网站、代言的信息需提供对应资质或授权。

（2）企业认证不能以个人为认证主体，如 XX 达人。

步骤二：进行企业号认证。

学一学

在抖音平台进行企业号认证的优点有以下几个。

（1）蓝 V 标识：企业号经认证后会出现蓝 V 标识、认证信息、网站链接，提高品牌的权威性，对企业而言是非常好的引流方式。

（2）昵称保护：抖音企业号认证后，企业昵称受平台保护，具有唯一性。

（3）多平台共享：抖音认证的同时，也认证了今日头条和火山小视频，平台间身份与权益同步，可享受三大平台的认证标识和专属权益。

（4）权益优享：可获得营销工具、数据监测、粉丝管理等多项权益。

1．登录抖音平台。进入"账号与安全"页面，点击"申请官方认证"项，如图 1-2-18 所示。

2．在"抖音官方认证"页面，点击"企业认证"项，如图 1-2-19 所示。

图 1-2-18　点击"申请官方认证"项　　　　图 1-2-19　点击"企业认证"项

3. 进入"企业认证"页面后，点击"去上传"项，如图 1-2-20 所示。在资料上传页面，根据指示选择行业分类、公司注册地、公司经营地，上传企业营业执照图片，提交申请并支付费用，如图 1-2-21 所示。

图 1-2-20　开通企业号页面

图 1-2-21　上传资料页面

练一练

请登录抖音 App，进入"账号与安全"页面，点击"申请官方认证"项，了解抖音平台个人及机构的认证规范，填写表 1-2-1，并完成个人账号的认证。

表 1-2-1　个人及机构的认证规范

认证类型	申请主体	昵称要求	认证信息规范要求
个人认证			
机构认证			

微课学习

请扫码观看微课《企业号认证审核规则》，记录下抖音平台企业认证的信息规范要符合的两点条件。

任务三　短视频个人页面设置

【任务导入】

林凯学习了主流短视频平台的基础设置相关知识后，为合作企业广州捷维皮具有限公司在短视频平台注册了账号。现在为了更好地胜任短视频运营助理工作，运营好企业账号，林凯计划要学习账号页面的设置。

活动一　账号内容信息搭建

活动描述

林凯对企业的抖音账号完成基础设置后，为了吸引更大的流量，提高账号的变现能力，让更多的用户浏览到自己的账号，还需要对账号资料进行进一步的编辑和完善。抖音账号的内容信息搭建包括编辑资料和账号功能设置。

活动实施

步骤一： 编辑资料。

1. 打开抖音 App，点击右下角的"我"项，进入个人主页页面，点击页面中的"编辑资料"项，如图 1-3-1 所示。进入"编辑资料"页面，进行资料编辑，如图 1-3-2 所示。

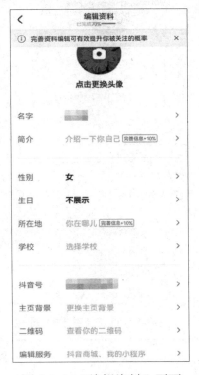

图 1-3-1　点击 "编辑资料" 项　　　　图 1-3-2 "编辑资料" 页面

2. 如图 1-3-3 所示，点击"性别"项，进入性别设置页面，账号运营者可以根据自己的实际情况进行选择。林凯按照自己的身份选择了"男"，如图 1-3-4 所示。

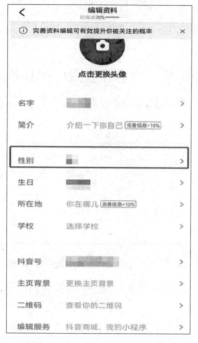

图 1-3-3　点击"性别"项　　　　　　　　图 1-3-4　选择性别

3. 如图 1-3-5 所示，点击"生日"项，进入"生日"设置页面，根据自己的实际情况，可以选择"不展示"或者选出对应的日期。林凯在此选择了"不展示"，如图 1-3-6 所示。

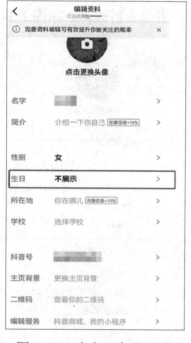

图 1-3-5　点击"生日"项　　　　　　　　图 1-3-6　设置生日状态

练一练

请同学们分别登录抖音、快手、西瓜视频、小红书平台，完成广州捷维皮具有限公司

账号的资料编辑工作。完成后把编辑好的页面以截图的方式，整理在一个文档中，文档以"班级+学号+姓名"的方式命名后，在线上进行提交。

步骤二：账号功能设置。

1. 打开抖音 App，进入"我"页面，点击右上角""图标，如图 1-3-7 所示。点击"设置"项，如图 1-3-8 所示。

图 1-3-7　点击右上角图标　　　　　图 1-3-8　点击"设置"项

2. 如图 1-3-9 所示，在设置页面上，有一系列的功能设置，点击"通用设置"项，包括"作品"中是否使用动态封面、是否保存自己内容带水印等；包括"功能"设置中是否开启校园日常、是否开启抖音相册等；以及在"其他"功能。创作者可依据自己的实际情况来选择相对应的功能设置，在这里林凯按照系统默认选项进行了保存，如图 1-3-10 所示。

图 1-3-9　点击"通用设置"项　　　　图 1-3-10　点击右侧开关

3．如图 1-3-11 所示，在设置页面上选择"背景设置"项，出现"背景设置"的选择页面，如图 1-3-12 所示。用户可以根据自己的习惯和爱好选择不同的背景，林凯选择了浅色作为背景。

图 1-3-11　点击"背景设置"项

图 1-3-12　背景选择页面

练一练

请以小组为单位，进行组内讨论，决定本小组关于广州捷维皮具有限公司账号功能设置的相关内容。讨论完毕后，请登录抖音 App 进行账号功能设置，设置完毕后，以小组为单位进行分享。

活动二　账号页面设计

**活动描述**

李经理告诉林凯，想要获得稳定的流量，建立稳固的专属流量领地，除了要专注于打磨视频内容，还要注重账号的细节。账号页面设计的好坏直接影响账号的流量和变现。一个友好美观的账号页面会给用户带来舒适的视觉享受，拉近与用户之间的距离，吸引更多的粉丝关注。因此，林凯在为广州捷维皮具有限公司完善账号信息之后，下一步准备对账号页面进行"装修"。

活动实施

步骤一：进入账号主页。

学一学

账号主页分为四部分，分别是账号昵称、头像、背景图和简介，如图 1-3-13 所示。

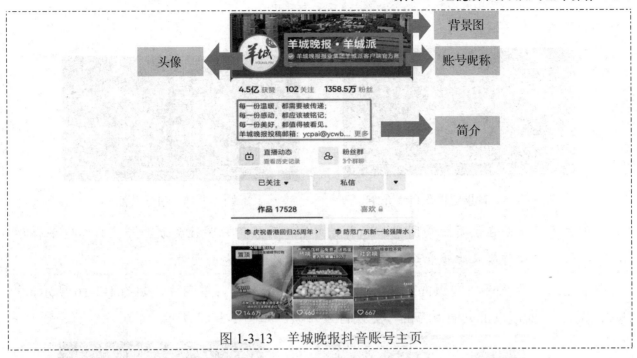

图 1-3-13 羊城晚报抖音账号主页

点击打开抖音 App，点击右下角"我"项，即可进入账号主页，如图 1-3-13 所示。在前一项任务中林凯已经学习并完成了账号昵称的设置、头像的设计，接下来将进一步学习主页背景图和账号简介的设计。

步骤二：设置主页背景图。

学一学

主页背景图也称为头图，是封面上的大图片，起到广告宣传的作用，也是能直接展示账号风采的部分，因此设置具有特色的主页背景图有利于账号积累用户，提升转化率。可以通过以下几种方式设置背景图。

（1）主演出镜，强化品牌输出。

主演出镜适用于打造个人形象 IP，加深 IP 在用户心中的形象，许多真人出镜的短视频就是采用了这种形式的背景图。如果 IP 是以团队形象出镜，那么建议上传团队的合影，这样可以加强团队在用户当中的知名度。

（2）背景图再次自我介绍。

主页背景图作为用户进入主页时抢眼的部分，可以利用它再次介绍账号的亮点，如"助力千万企业学习成长"（见图 1-3-14）、"时尚生活设计师"之类的，作为简介的一个补充。

（3）引导关注。

创作者可以充分利用主页背景图来引导用户关注账号，如放置有意义的头像或充满温情的文案，给用户关注账号的心理暗示，或者根据自己的账号内容属性，为用户指出关注之后可以获得的利益。例如，"关注我，叫你一个月过英语四级""关注我，让你每天不剧荒""点击下方关注，帮女性远离伤害"（见图 1-3-15）等，这样可以吸引对此有需求和有兴趣的用户积极关注。

图 1-3-14　背景图再次自我介绍

图 1-3-15　引导关注

创作者还可以在主页背景图中添加引流文案，引导用户关注关联账号，为其他平台导流。尽管用户操作起来比较麻烦，但吸引到的用户忠诚度也会更高。

1．进入抖音 App 主页页面，在"我"的页面点击上方背景图片，如图 1-3-16 所示，进入头像展示页面。点击页面下方的"更换背景"项，如图 1-3-17 所示。

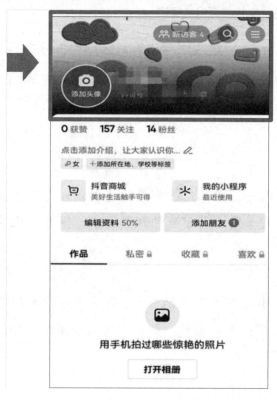

图 1-3-16　点击"背景图"项

图 1-3-17　点击"更换背景"项

2．操作完成后，在弹出的页面中选择"拍一张"或"从相册选择"项。林凯设置了预先制作好的背景图，如图 1-3-18 所示。

3．选择好图片后，进入"裁剪"页面，在该页面中可以裁剪和预览图像展示效果。在裁剪完毕之后，点击下方的"确定"按钮更换背景图，如图 1-3-19 所示。

图 1-3-18　选择图片　　　　　　　　图 1-3-19　完成背景图更换

练一练

请以小组为单位，进行组内讨论，决定本小组为广州捷维皮具有限公司账号选择的主页背景图。讨论完毕后，请同学们在已注册的主流短视频 App 平台进行背景图的设置。

步骤三： 设置账号简介。

学一学

账号简介的目的是为了快速增进用户对账号主体的了解，加强账号在用户心目中的印象，让用户对账号产生信任感。在设置账号简介时，首先，要用简单的文字突出账号的实力和真诚的一面；其次，账号简介要表明账号能够帮助用户解决什么问题，能够给他们提供什么价值，这样就可以增加用户对账号的关注度，同时可以为账号的变现做好准备。

例如，抖音平台推出的官方账号"电商小助手"，其简介为："每周一至周五，解锁官方精品直播课程；点击作品合集，一键 GET 运营新技能。"从它的简介中可以明确知道，关注该账号可以学习官方精品直播课程和学习运营新技能，有需要的用户自然就会关注它。

进入抖音 App 个人主页页面，在"我"的页面点击"你还没有填写个人简介，点击添加"项，如图 1-3-20 所示，即可设置抖音账号简介。在"修改简介"页面，填写个人简介后，点击完成即可，如图 1-3-21 所示。

林凯为广州捷维皮具有限公司设置的简介为："书包源头生产企业，16 年专注生产健康安全书包！高品质，好体验！"

通过以上三个步骤的操作，账号页面设计基本完成了。账号的页面设计不仅可以体现创作者的个性，而且是观众对账号的第一印象，好的页面设计可以达到吸粉的目的。观众也可以通过主页了解该账号是干什么的，能够给自己带来什么样的价值，从而更明确该账号的定位。

图 1-3-20　点击添加个人简介　　　　　　图 1-3-21　修改简介

练一练

　　请以小组为单位，进行组内讨论，编写本小组为广州捷维皮具有限公司设计的账号简介。讨论完毕后，请同学们在已注册的主流短视频 App 平台进行账号简介的设置。设置完成后，以小组为单位在班级内进行分享。

活动三　设计短视频封面

**活动描述**

　　在个人主页的下方，会呈现创作者所发布的视频。林凯在完善好企业账号页面设计后，还想要了解如何设计封面标题及其撰写的方法。一个统一整洁的视频封面不仅能提升关注度，而且能让用户快速找到主题内容，还可以让整个页面设计显得高级和整洁。

**活动实施**

　　步骤一：了解优秀封面的四大标准。

学一学

　　优秀封面的四大标准如下。

　　1. 选择有特色的字体款式。

　　视频封面可以通过文字告诉用户这个视频的主要内容，从而提高视频的点击率。因此，文字款式的选择就变得尤为重要。选择独特的字体款式，可以增加辨识度，加深用户的记忆点。切忌封面使用过于细小的字体，以免因视频封面缩小而造成看不清楚的情况，从而降低点击率。

2. 字体风格统一。

当确定要用哪一种字体款式后，接下来所有作品的封面都要使用同一种款式，这样主页上的视频封面显示才会整齐。例如，选择了模板类型的标题，那么后面的作品都运用这个模板，这样各个作品的封面就会统一，会让人赏心悦目。

3. 文字大小要适中。

标题的文字大小要适中，确保标题的文字内容一眼就可以看清楚。切忌文字在封面上太大或太小，文字过大，会造成视觉压抑；文字过小，密密麻麻看不清，会让用户产生不适感。

4. 标题文案内容要新颖。

封面的标题是否吸引人，直接影响作品的点击率。标题的内容要结合实际，激发用户的观看欲望；标题要与作品的内容相符，切忌出现让用户看完后有一种被标题所欺骗的感觉。

登录抖音平台，查找三个符合优秀短视频封面标准的账号，填写表1-3-1。填写完毕后，在班级内进行分享。

表 1-3-1　优秀短视频封面

账　号	封 面 内 容	优　点

步骤二：了解封面标题的撰写方法。

学一学

一个好的标题和封面，能增加短视频的点击率，为后期的运营节省大量的时间和成本。以下为几种封面标题常见的撰写方法，如表1-3-2所示。

表 1-3-2　封面标题常见的撰写方法

名　　称	方　　法	关 键 词	案　　例
1. 利用总结	对短视频进行简单的总结，将视频当中比较核心的观点或者数据进行提炼，吸引用户对视频产生兴趣，继续留下来观看	数字、集合、盘点、全套、榜单、清单	《掌握这3点，轻松玩转美妆行业私域运营》《盘点 99%的人都不知道的清洁小妙招》
2. 结合热点	在标题中添加与热点事件相关的词，极易提升视频热度，也就是常说的"蹭热点""借势营销"	当下热点话题	《天舟四号货运飞船厉害在哪儿？》《40 摄氏度高温频繁上演，人类离被"热死"究竟还差多远？》
3. 利用"连载"	设计一个连续的系列，以达到吸引用户持续关注的目的	系列、话题、第几天	《老房改造系列——厨房篇》《减肥的第一天——制订减肥计划》

续表

名　称	方　法	关键词	案　例
4. 利用"对比"	如果视频内容涉及两个或者多个事物，那么可以利用对比，在封面中直接体现	VS、PK、区别、不同、不一样	《电动汽车和燃油汽车有什么区别》《我理想的装修对比我父母的装修》
5. 利用明星效应/从众心理	利用明星效应或者从众心理，为视频内容增加可信度，也让用户产生兴趣	力荐、同款、最爱、秘诀、大家都在看、传闻	《明星力荐的美白妙招》《海淀妈妈同款鸡娃神器》
6. 利用疑问/反问	这一类型标题往往利用用户的好奇心，抛出一个观点进行提问或反问，引导用户进行思考，进而继续观看视频的内容	为什么？怎么样？如何？你认为？怎么做？	《中层管理者需要什么样的能力？》《有经验的管理者是如何带团队的？》
7. 进行假设	利用"假设"，创设情境，让用户产生代入感——"如果我……"，然后对视频产生兴趣	假如、假设、如果、应该怎样……	《假设孩子以哭威胁，家长该怎么办？》《如果老板把你开了，你该怎么捍卫自己的利益？》

　　登录抖音平台，围绕"书包"查找四组不同的封面标题名称，并分析它们属于哪一种撰写方法，填写表1-3-3。

表1-3-3　不同的标题撰写方法

标 题 名 称	撰 写 方 法

练一练

　　请采用所学的不同的封面标题撰写方法，尝试为广州捷维皮具有限公司撰写5种以上不同类型的封面标题。撰写完毕后，把结果记录在文档中进行保存，文件以"班级+学号+姓名"的方式命名后，在线上进行提交。

■ 任务四　短视频账号定位 ■

【任务导入】

　　林凯完成了账号页面设计之后，李经理告诉他，接下来就要开始考虑账号定位，原因是

账号定位决定了涨粉速度、变现方式和能力及引流的效果等。明确定位并根据这个定位来策划和拍摄企业的短视频内容，这样才能在粉丝心中形成对账号清晰认知的标签。接下来，林凯将要为广州捷维皮具有限公司的短视频账号进行定位。

活动一　了解账号定位的含义、价值及原则

活动描述

在各大短视频平台上，每天都有数亿的用户产生数以百万计的视频内容。如何才能让发布的视频内容被更多用户浏览、点赞、评论、转发呢？做好账号定位，这是基础的一步。为了能够为广州捷维皮具有限公司的短视频账号进行准确定位，林凯计划利用互联网了解账号的含义、价值及五大原则。

活动实施

　　步骤一：了解短视频账号定位的含义和价值。

学一学

　　账号定位是账号运营者围绕明确的特定主题去长期发布视频内容，在受众的心中建立账号的独特风格，从而获得精准的流量。

　　账号定位必须考虑四个问题：要做一个什么类型的账号；账号可以输出的内容是什么；账号与其他账号的差异在哪里；账号能够为粉丝提供什么价值。例如，一个卖化妆品的账号，输出的内容是如何画好彩妆、选好彩妆工具；与其他账号的差异是突出通过化妆使得"丑女"变"美女"；给受众提供的价值是让所有女生都学会化彩妆，不会因为化妆而烦恼。

　　进行准确的账号定位具有以下价值。

　　1. 通过内容实现快速涨粉。

　　用户从推荐流中刷到有意思的视频，便想关注账号。用户点击主页后，可以快速了解到该账号是做什么的，以及能够提供什么样的内容和服务，如果用户对其内容感兴趣的话，就会进行关注。

　　2. 获得算法流量，持续增长。

　　账号视频内容要符合自己的目标群体定位，垂直度要高。例如，创作者是一个旅游记录者，拍摄了大量的旅游相关短视频，吸引了众多对旅游感兴趣的粉丝。该账号的内容垂直度较高，可以获得更多的流量。相反，有的账号前十条内容是做剧情的，后面转做科普，又转做美妆。视频内容的持续转变，导致账号定位不明确，会严重影响账号的流量。

　　3. 更好地实现商业化变现。

　　前期进行准确的账号定位，才能保证后续内容的垂直性持续产出，并因此吸引更多的优质粉丝，为后期的账号变现奠定基础。

　　请为广州捷维皮具有限公司的短视频账号进行定位分析，并在表 1-4-1 中做好记录，讨论

完毕后在班级内进行分享。

表 1-4-1　广州捷维皮具有限公司的短视频账号定位分析

序　号	问　题	价　值
1	要做一个什么类型的账号？	
2	账号可以输出的内容是什么？	
3	账号与其他账号的差异在哪里？	
4	账号能够为粉丝提供什么价值？	

步骤二： 了解短视频账号定位的五大原则。

访问百度搜索引擎，输入关键字"短视频账号定位的五大原则"，进行查询，学习相关知识，并在表 1-4-2 中做好记录。

表 1-4-2　账号定位的五大原则

序　号	账号定位的五大原则	含　义
1		
2		
3		
4		
5		

练一练

请登录抖音短视频平台，搜索并浏览不同类别（美食类、剧情类、旅拍类、家居类、母婴类、时尚类等）短视频的典型案例，分析它们的输出内容、差异化特点和提供的价值，并在表 1-4-3 中做好记录。

表 1-4-3　典型账号分析

账　号　类　型	账　号　名　称	输　出　内　容	差异化特点	提供的价值
美食类				
剧情类				
旅拍类				
家居类				
母婴类				
时尚类				

活动二　进行短视频账号定位

 **活动描述**

了解了短视频账号定位的含义、价值和原则以后，林凯接下来准备为广州捷维皮具有限

公司的短视频账号进行定位。他向李经理请教该如何进行定位。李经理告诉他可以从选择短视频账号细分领域、确定账号的功能价值、确定账号的人设定位、设计账号人设的高辨识度、形成完整的账号画像、参考对标账号并优化调整账号等方面进行账号定位。

 **活动实施**

步骤一：选择短视频账号细分领域。

学一学

对于抖音平台来说，账号定位越垂直，越可以获得更多的精准流量。所谓垂直，即账号只专注于做一个领域。在开始做一个新账号前，首先要考虑好账号的行业方向。建议在初期选择细分领域的时候，尽量选创作者有积累的领域，例如过去工作涉及的领域，又或者是自己的兴趣爱好且有积累的领域等。常见的短视频账号细分领域如表1-4-4所示。

表1-4-4　短视频细分领域

表现类型	细分领域
颜值类	美女、帅哥、萌娃
才艺类	美妆、穿搭、游戏、音乐、舞蹈、手工、绘画、技术、魔术
兴趣类	美食、旅游、动漫、宠物、文字、体育、时尚、科技、汽车好物
知识类	软件、妙招、文化、教育、摄影、母婴、健康、职场、创意、种草
剧情类	搞笑、段子、悬疑、生活、职业、正能量、采访
其他	政务、资讯、解说、盘点、Vlog、风景、商品导购

请登录抖音短视频平台，搜索并了解不同细分领域的代表性短视频账号，并记录在表1-4-5中。调研完毕后，请在班级内进行分享。

表1-4-5　不同细分领域的代表性短视频账号

表现类型	账号名称	细分领域
颜值类		
才艺类		
兴趣类		
知识类		
剧情类		
其他		

练一练

请以小组为单位开展讨论，确定本次你们小组为广州捷维皮具有限公司选择的账号细分领域。讨论完毕后，请在班级内进行分享。

步骤二：确定账号的功能价值。

学一学

短视频账号的功能价值就是账号可以给观众带来什么好处、提供什么服务，即观众关注账号的理由。如测评热门产品避免踩坑、为观众免费提供理财建议、介绍本地好吃好玩的攻略等，都能够给观众带来明确的价值。

请分析在步骤一中选取的账号，它们分别能够为观众带来哪些功能价值，并记录在表 1-4-6 中，完成后在班级内进行分享。

表 1-4-6　账号的功能价值

表现类型	账号名称	账号的功能价值
颜值类		
才艺类		
兴趣类		
知识类		
剧情类		
其他		

练一练

请以小组为单位进行讨论，确定本次你们小组为广州捷维皮具有限公司建立的账号能够提供哪些功能价值。讨论完毕后，请在班级内进行分享。

步骤三：确定账号的人设定位。

学一学

账号的人设定位，即告诉观众“我”是谁，以及“我”如何与观众进行沟通。通常情况下，抖音上的人设定位按照观众的视角可以分为三大类：仰望型、平视型和俯视型。

仰望型：打造仰望型的人设有三个要素：一是人设有突出的品格；二是经历稀缺，难以复制；三是在专业领域有一技之长。例如，账号@刘芳形体礼仪。

平视型：人设通常是生活中“优点与缺点并存”的普通人，如同学、同事、亲戚、闺蜜、家人、伴侣等。例如，账号@第一秘书。

俯视型：人设更多的是娱乐、接地气的，没有偶像包袱，常以扮丑、反串等演绎来达到搞笑的效果。例如，账号@多余和毛毛姐。

请分析在前两个步骤中所选取账号的人设定位类型，并记录在表 1-4-7 中。调研完毕后，请在班级内进行分享。

表 1-4-7　账号的人设定位

表现类型	账号名称	人设定位
颜值类		
才艺类		

表 现 类 型	账 号 名 称	人 设 定 位
兴趣类		
知识类		
剧情类		
其他		

练一练

请以小组为单位开展讨论，确定本次你们小组为广州捷维皮具有限公司建立的账号人设定位类型。讨论完毕后，请在班级内进行分享。

步骤四：设计账号人设的高辨识度。

学一学

设计账号人设的高辨识度，是为了打造观众的记忆点，让观众真正记住这个人物、记住这个账号。可以从人物性格、穿搭、经历、口头禅（高频词）这几个方面入手设计。例如，账号@高矮胖瘦，突出追求时尚的搞怪妈妈这一鲜明的性格特征；账号@小马身高一米九，突出一米九女生的中性穿搭；账号@刘媛媛，突出北大才女、"超级演说家"冠军这一特殊经历；账号@我是晴天，以"香个跟头"这一口头禅来突出人设辨识度。

请登录抖音短视频平台，从人物的性格、穿搭、经历、口头禅（高频词）这 4 个方面搜索不同的典型账号，并记录在表 1-4-8 中。调研完毕后，请在班级内进行分享。

表 1-4-8　人设的高辨识度

人设识别标识	账 号 名 称	记 忆 点
性格		
穿搭		
经历		
口头禅		

练一练

请以小组为单位开展讨论，确定本次你们小组为广州捷维皮具有限公司的账号人设打造的记忆点。讨论完毕后，请在班级内进行分享。

步骤五：形成完整的账号画像。

学一学

完成账号的完整设计之后，需要用简洁明了的语言来概括"这个账号是做什么的"。例如，账号@笠翁话农村：情系三农、分享种植和果树实用技术，突出的是农村、种植。

请登录抖音短视频平台，以步骤四中选取的典型账号，查询并分析它们的账号画像，并记录在表 1-4-9 中。调研完毕后，请在班级内进行分享。

表1-4-9　账号画像

人设识别标识	账 号 名 称	账 号 画 像
性格		
穿搭		
经历		
口头禅		

练一练

请以小组为单位开展讨论，确定本次你们小组为广州捷维皮具有限公司建立的账号画像。讨论完毕后，请在班级内进行分享。

步骤六： 参考对标账号并优化调整账号。

学一学

找到同一赛道细分领域的竞争对手，学习其内容和经验，并完善账号。分析对标账号可以从多个方面进行，例如对标账号是如何选题的，脚本结构是如何设计的，拍摄风格是怎样的，视频是如何起标题的，个人主页是如何编辑的，该账号爆款视频的选题和其他普通视频的差异等。通过分析竞品，不仅可以向优秀的账户学习，而且可以从中找到差异点来进一步完善自己的账号。

请登录抖音短视频平台，进行网络调研，查询广州捷维皮具有限公司短视频账号的对标账号，选择3个优秀的对标账号，并记录在表1-4-10中。

表1-4-10　对标账号

账 号 名 称	账号粉丝数	爆款视频播放量

练一练

请以小组为单位开展讨论，分析你们小组选取的对标账号。从选题、拍摄风格、视频标题、个人主页设计、该账号爆款视频的选题和其他普通视频的差异等几个方面，进行对比分析。在此基础上，对你们小组为广州捷维皮具有限公司完成的账号定位进行优化调整。整理完毕后，将文件以"班级+学号+姓名"的方式命名，并在线上进行提交。

【案例展示1-4-1】

精准定位，助非遗腾飞

二胎妈妈乔某是非遗乔家手工皮艺传承人，创立了自己的皮艺制品公司，并打造了属于自己的品牌"某师傅"。手工皮艺是我国一项历史悠久的非物质文化遗产，但打造手工皮艺制品是一件耗时又耗精力的事情。一件手工皮艺制品的打造，需要绘图 72 个小时，雕刻 10 万刀，敲击 60 万次，上色 3360 分钟，共计 126 项工艺流程，这一系列流程耗时需要近 30 天。效率低导致公司几度因为销路问题濒临破产。

机缘巧合下，乔某接触到了抖音。乔某在制作中找准方向，专注于非遗手工，然后将制作过程拍成视频上传到抖音，向大家介绍手工皮艺的文化及制作过程，获得了超过 56 万粉丝的关注。除了普通的订单，越来越多的抖音粉丝找乔某做定制款：有人拜托乔某把自己逝去的爱宠雕在皮包上，还有患癌症的研究生给自己订了一款九尾狐的包，希望自己能够好好活下去，等等。如今，乔某在中国艺术研究院做博士访问学者。她希望以后在产品中加入更多现代设计理念，让传统工艺走向现代，被更多年轻人所接受。

案例讨论：

1. 请分析案例中乔某的公司几度濒临破产的原因。

2. 乔某的短视频账号是什么类型的账号？输出的内容是什么？与其他账号的差异在哪里？能够为粉丝提供什么价值？

 **项目评价**

填写"项目完成情况效果评测表"，完成自评、互评和师评。

项目完成情况效果评测表

组别：　　　　　　　　　　　　　　　　　　　　　　　　　　学生姓名：

项目名称	序　号		评测依据	满分分值	评价分数		
					自评	互评	师评
职业素养考核项目（40%）	1		具有责任意识、任务按时完成	10			
	2		全勤出席且无迟到早退现象	6			
	3		语言表达能力	6			
	4		积极参与课堂教学，具有创新意识和独立思考能力	6			
	5		团队合作中能有效地合作交流、协调工作	6			
	6		具备科学严谨、实事求是、耐心细致的工作态度	6			
专业能力考核项目（60%）	7	短视频认知	了解短视频的基本概念、特点和分类，能根据短视频进行准确的分类；了解主流短视频平台，会选择合适的平台发布视频	15			
	8	短视频平台基础设置	熟悉各大短视频平台的基础设置，能对账号进行安全设置，提高账号的安全性	15			
	9	短视频个人页面设置	熟悉各大短视频平台的个人页面设置，能够对个人页面进行个性设计和视频封面的制作	15			
	10	短视频账号定位	了解短视频账号定位的含义和价值；熟悉账号定位的原则，能够对短视频账号进行定位	15			

续表

项目名称	序　号	评测依据	满分分值	评价分数		
				自评	互评	师评
		评价总分				
项目总评得分		自评（20%）+互评（20%）+师评（60%）=		得分		
		本次项目总结及反思				

📋 项目检测

一、单选题

1. 短视频的时长一般在（　　　）以内。

A．1分钟　　　　　　B．5分钟　　　　　C．10分钟　　　　D．15分钟

2. 我国目前第一大短视频平台是（　　　）。

A．抖音　　　　　　　B．快手　　　　　　C．西瓜视频　　　　D．小红书

3. 短视频的时长短，主要体现在哪个优势上？（　　　）

A．生产过程简单，制作门槛低　　　　　B．社交属性强

C．符合人们碎片化浏览趋势　　　　　　D．用户黏度大

4. 关于抖音账号，下列说法错误的是（　　　）。

A．体现账号的价值　　　　　　　　　　B．采用特色关键词

C．不用生僻字　　　　　　　　　　　　D．留下联系方式

5. 个人主页上的背景图又称为（　　　）。

A．头像　　　　　　　B．简介　　　　　　C．昵称　　　　　　D．头图

6. 账号页面上的浅色或者深色设置是在（　　　）功能键上设置的。

A．通用设置　　　　　B．通知设置　　　　C．隐私设置　　　D．背景设置

7. （　　　）起到广告的作用，也是能直接展示账号风采的部分。

A．头像　　　　　　　B．简介　　　　　　C．昵称　　　　　D．主页背景图

8. 优秀短视频封面的四大标准不包含以下哪项？（　　　）

A．选择有特色的字体款式　　　　　　　B．字体风格统一

C．文字大小要适中　　　　　　　　　　D．要有真人出镜

二、多选题

1. 短视频的特点包括（　　　）。

A．短　　　　　　　　B．低　　　　　　　C．强　　　　　　　D．快

2．我国主流的社交类短视频平台包括（　　）。

A．抖音　　　　　　　B．快手　　　　　　C．西瓜视频　　　　D．淘宝主图

E．微视

3．好的抖音昵称应该具备（　　）特点。

A．采用生僻字，与众不同　　　　　　　B．好记忆

C．好传播　　　　　　　　　　　　　　D．好理解

4．账号页面设计包括（　　）。

A．头图　　　　　　　B．头像　　　　　　C．昵称　　　　　　D．简介

5．短视频账号细分领域表现为（　　）。

A．剧情类　　　　　　B．知识类　　　　　C．兴趣类　　　　　D．才艺类

E．颜值类

6．通常情况下，抖音上的人设类型按照受众视角分为（　　）。

A．仰望型　　　　　　B．平视型　　　　　C．平等型　　　　　D．俯视型

三、简答题

1．短视频具有哪些特点？主流短视频平台有哪些？

2．设置个人简介的目的是什么？

3．为什么要进行账号定位？

4．进行准确的账号定位具有什么价值？

四、实训任务

任务导入：

"寻味某某"是一个本土美食类短视频账号。视频主要展现的是创作者去不同的地方品尝、测评美食的过程。请根据要求完成实训任务。

1．实训目的

通过本次企业任务，学生能以严谨、认真的工作态度进行账号注册、完成账号基础设置、完成个人主页设置及进行账号定位。

2．实训任务条件

在前置学习任务中，各小组已经学习了如何进行账号注册、账号基础设置、个人主页设置账号定位的方法与步骤。

3．实训目标

（1）完成账号注册。

（2）完成账号基础设置。

（3）完成个人主页设置。

（4）完成账号定位。

4．任务分工

小组进行讨论，确定本次任务分工，并做好记录。

5．实训步骤

步骤一：进行账号注册。

小组为"寻味某某"这一本土美食类短视频账号选择不少于 3 个主流短视频平台进行账号注册。

步骤二：进行账号的基础设置。

小组讨论确定该账号的基础设置，选择不少于 3 个主流短视频平台进行设置。

步骤三：进行个人主页设置。

小组讨论确定该账号的个人主页设置，选择不少于 3 个主流短视频平台进行设置。

步骤四：进行账号定位。

小组讨论确定该账号的定位。

项目二
短视频的内容策划与文案撰写

 【项目导入】

专注母婴短视频"贝贝粒"

母婴短视频"贝贝粒"凭借在垂直领域深耕内容，提高视频品质，以简单的风格、实用的育儿技巧和"1分钟左右"的视频时长赢得了不少用户的喜爱。截至2022年7月，"贝贝粒"的全网粉丝已突破1000万人，视频累计播放量达70亿次，现在已是母婴类短视频领域的翘楚。不仅如此，用户拥有了更好的观看体验之后，"贝贝粒"每月电商销售额突破了8000万元。

"贝贝粒"辅食合集是针对新手妈妈特别制作的简单易学、种类多样的辅食制作类视频，视频时长都在一分钟左右，尽最大可能节省了用户的时间。视频中的内容"干货"满满，除了介绍辅食做法，还增添了不少育儿知识，例如，婴儿长牙期有哪些注意事项，怎样促进宝宝的肠胃蠕动等。

以"苹果燕麦粥"的做法为例，视频首先演示削苹果皮，然后用擦丝器将苹果擦成泥状，再进行食材的配比，最后将燕麦在水中浸泡10分钟再熬制，小细节无一遗漏。虽然该视频时长非常短，但内容充实，讲解详细，实操性很强。

除了辅食制作这档人气短视频栏目，"贝贝粒"还推出了育儿知识介绍、母婴产品介绍、亲子手工DIY、益智玩具推荐、婴幼儿服装推荐和亲子出游等栏目，几乎包含了育儿生活的方方面面。这类内容让相关母婴用品，如纸尿裤、辅食产品等，在巨大的流量推动下获得了很好的销量。

思考：1. 本案例中，"贝贝粒"迅速成为母婴短视频品牌领军者的主要原因有哪些？

2. "贝贝粒"的崛起，在短视频内容策划上带来了什么启示？

 【项目目标】

知识目标：

1. 了解短视频的行业规范和各大短视频平台的内容审核规则。

2. 熟悉各大短视频平台常见的违规行为及其后果。

3. 了解短视频脚本的作用，掌握短视频脚本的类型。

4. 熟悉短视频分镜头脚本的撰写步骤。

技能目标：

1. 能够进行短视频账号检测并自查违规行为。

2. 能够准确地对短视频进行用户定位、建立选题库、确定短视频内容展现形式。

3. 能够根据内容策划确定短视频脚本类型。

4. 能够完成短视频分镜头脚本的撰写。

素养目标：

1. 弘扬中华优秀传统文化，培养学生的文化自信、民族自信。

2. 增强学生规范经营、遵守法律法规的新媒体从业素质。

3. 养成科学严谨、实事求是、耐心细致的工作态度。

 【项目导图】

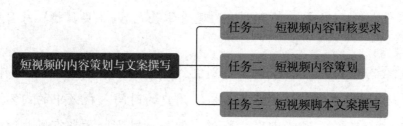

任务一 短视频内容审核要求

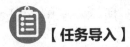**【任务导入】**

林凯学习了短视频的基础知识，并为合作企业广州捷维皮具有限公司完成了短视频平台的基本操作。下面要开始着手策划短视频的内容了。工作室的李经理继续将此项任务安排给了林凯，并告诉他：磨刀不误砍柴工，想要做好短视频的内容策划，首先要了解短视频的内容审核要求和相关规则。请你协助林凯一起完成此次任务。

活动一 了解短视频行业规范

**活动描述**

林凯接到本次任务后，首先考虑到，要想了解短视频的内容审核要求和相关规则，就要先了解短视频的行业规范和相关法律法规，这样才能游刃有余地进行短视频内容策划。为了能全面了解短视频的行业规范和相关法律法规，林凯决定利用互联网来进行相关知识的查询。

**活动实施**

学一学

2019 年 1 月 4 日，中国网络视听节目服务协会发布《网络短视频平台管理规范》和《网络短视频内容审核标准细则》（2021 年修订）。《网络短视频平台管理规范》对网络短视频平台应遵守的总体规范、账户管理、内容管理和技术管理规范提出了建设性要求；《网络短视频内容审核标准细则》面向短视频平台一线审核人员，针对短视频领域的突出问题提供了操作性审核标准。

《网络短视频平台管理规范》及《网络短视频内容审核标准细则》从机构把关和内容审核两个层面，为规范短视频传播秩序提供了依据。针对开展短视频服务的网络平台及网络短视频内容审核的标准进行规范，有利于规范短视频行业的发展，促进短视频内容质量的提升。

步骤一：登录中国网络视听节目服务协会官网。访问百度搜索引擎，输入关键字"中国网络视听节目服务协会"，即可搜索到中国网络视听节目服务协会官方网址，如图 2-1-1 所示。

图 2-1-1 中国网络视听节目服务协会官方网址

　　步骤二：在该官网查找《网络短视频平台管理规范》并进行学习。进入中国网络视听节目服务协会官方网站首页后，在右侧搜索框输入文字"网络短视频平台管理规范"，如图 2-1-2 所示。在搜索结果中查找《网络短视频平台管理规范》并打开，如图 2-1-3 所示。了解该规范的面向对象、主要内容和作用，填写表 2-1-1。

图 2-1-2　中国网络视听节目服务协会官网首页

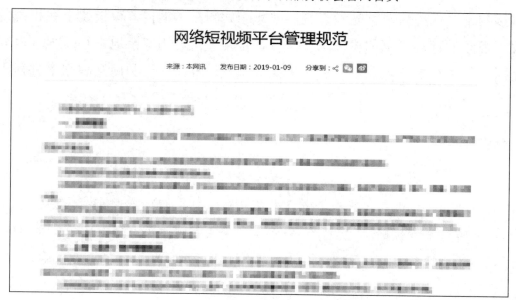

图 2-1-3　网络短视频平台管理规范

表 2-1-1　网络短视频行业规范调研表

行 业 规 范	面 向 对 象	主 要 内 容	作 　用
《网络短视频平台管理规范》			

　　步骤三：在该官网查找《网络短视频内容审核标准细则》并进行学习。进入中国网络视听节目服务协会官方网站首页后，在搜索框输入文字"网络短视频内容审核标准细则"，在搜索结果中查找《网络短视频内容审核标准细则（2021）》并打开，如图 2-1-4 所示。了解该细则的面向对象、主要内容和作用，填写表 2-1-2。

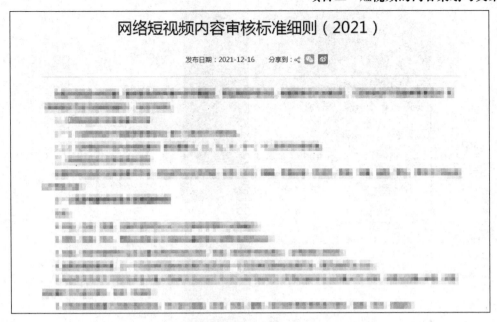

图 2-1-4　网络短视频内容审核标准细则

表 2-1-2　网络短视频行业规范调研表

行 业 规 范	面 向 对 象	主 要 内 容	作 　 用
《网络短视频内容审核标准细则（2021）》			

活动二　学习短视频平台内容审核规则

**活动描述**

　　通常来说，各短视频平台会通过规则的制定，对短视频运营者在平台上的各种行为进行规范。林凯知道，想要短视频在平台上得到有效的传播，就应该严格遵守平台的相关规则。所以当务之急，应该是了解平台的内容审核规则。林凯决定将用户量比较多的抖音短视频平台作为内容审核规则的主要学习平台，于是前往抖音短视频平台查找相关内容。

活动实施

步骤一：登录抖音短视频手机 App，进入抖音创作者中心。

进入抖音创作者中心的步骤如图 2-1-5 所示。

1．访问抖音短视频手机 App，点击右下角"我"项，进入我的主页。

2．在我的主页右上角有 3 条横杠图标，点击后弹出隐藏的导航入口。

3．点击"抖音创作者中心"项，即可进入抖音创作者中心首页。

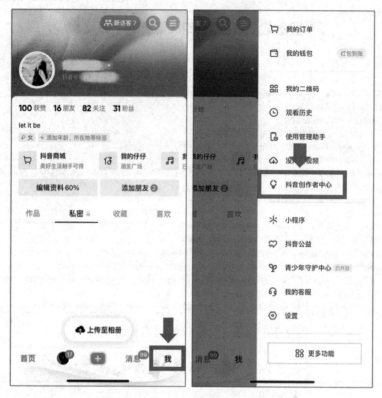

图 2-1-5　进入抖音创作者中心的步骤

步骤二：进入抖音规则中心。

进入抖音规则中心的步骤如图 2-1-6 所示。在抖音创作者中心首页的导航栏目中找到"规则中心"项，点击即可进入。

图 2-1-6　进入抖音规则中心的步骤

步骤三： 查询和调研抖音平台规则。

抖音平台规则主要分为 5 类：社区公约、医疗公约、未成年规范、电商规则，以及直播规则，如图 2-1-7 所示，分别代表《抖音社区自律公约》《抖音社区医疗公约》《未成年人内容管理规范》"抖音电商规则中心"《抖音直播规则》。

图 2-1-7　抖音平台规则

1. 点击平台规则中的"社区公约"项，即可查询《抖音社区自律公约》，内容包括抖音的使命、平台倡导的行为、不欢迎的行为及禁止的行为等，了解规则内容后填写表 2-1-3。

表 2-1-3　《抖音社区自律公约》调研表

调 研 内 容	抖音的使命	抖音平台倡导的行为	抖音平台不欢迎和禁止的行为
《抖音社区自律公约》			

2. 点击平台规则中的"医疗公约"项，即可查询《抖音社区医疗公约》，内容包括医疗公约内容发布原则、医疗创作行为规则及举报通道类型等，了解规则内容后填写表 2-1-4。

表 2-1-4　《抖音社区医疗公约》调研表

调 研 内 容	内容发布原则	医疗创作行为规则	举报通道类型
《抖音社区医疗公约》			

3. 点击平台规则中的"未成年规范"，即可查询《未成年人内容管理规范》，内容包括总则、创作者及用户规范、未成年人账号限制及责任与义务，了解规则内容后填写表 2-1-5。

表 2-1-5　《未成年人内容管理规范》调研表

调 研 内 容	总　　则	创作者及用户规范	未成年人账号限制	责任与义务
《未成年人内容管理规范》				

4. 点击平台规则中的"电商规则"项，即可查询抖音电商规则，内容包括电商的规则分类、预售商品服务虚假宣传行为惩处措施、价格虚假的表现形式、常见的功效虚假宣传类型等，了解规则内容后填写表 2-1-6。

表 2-1-6　抖音平台规则调研表

调 研 内 容	规 则 分 类	预售商品服务虚假宣传行为惩处措施	价格虚假的表现形式	常见的功效虚假宣传类型
《抖音电商规则》				

5. 点击平台规则中的"直播规则"项，即可进入直播规则学堂，内容包括直播规则课程学习、规则速递、社区公告等版块。请登录进行调研，了解规则内容后完成表格 2-1-7 的填写。

表 2-1-7　抖音直播规则调研表

调 研 内 容	未成年人是否可以直播	直播中是否可以播放影视作品	直播间内是否可以挂二维码	挂小黄车卖货是否可以不实名
《抖音直播规则》				

除了可以在规则中心了解内容审核规则，还可以在抖音创作者中心首页的导航栏目中找到"学习中心"项，点击即可进入抖音创作者学习中心。或者通过搜索抖音创作者中心官方账号"抖音创作者中心"（抖音号：dyczzxy），了解更多关于内容审核的视频课程。全部课程都以视频形式呈现，为创作者答疑解惑，方便创作者学习与交流。

练一练

请登录抖音规则中心，查阅电商规则中电商创作者管理总则，请总结内容创作中的内容侵权共有哪些类别。请把整理结果记录在文档进行保存，文件以"班级+学号+姓名"的方式命名后，在线上进行提交。

活动三　了解短视频违规行为及违规后果

活动描述

为了保证短视频内容的合法性，平台会对短视频的内容进行审核，查看短视频是否存在违规内容。如果短视频存在违规内容，那么将无法在平台上发布。在创作短视频时，创作者往往会出现一些违规行为而不自知。为了避免出现违规行为，林凯决定前往平台了解常见的短视频违规行为及违规后果。

活动实施

学一学

常见的短视频违规行为

第一，内容低俗。如果作品涉及低俗演绎，如内容低俗、着装低俗、行为低俗、语言低俗等，平台均将对其坚决说不。

第二，不良导向。作品涉及不正确的价值观、不良习惯、不文明行为，甚至宣扬违法犯罪，就有违平台发布规则，是会触发审核红线的。

第三，隐形风险。作品中的行为本身存在极大的安全隐患，如引火、触电、割伤、烫伤等，并有引导观众模仿实践的行为，那么后果是很严重的，千万不要以身试法。例如，视频中涉及车内场景，要注意在驾驶过程中出现未系安全带进行拍摄、副驾驶存在干扰、动物出现在副驾驶位置等危险行为，都是不允许发布的。

第四，低质营销。未经平台许可或授权的情况下，视频中出现抽奖送礼、打折促销、引导购买、留下联系方式和地址等行为是严格禁止的。

第五，搬运。视频内容涉及非原创、无创作的素材引用，完全使用或搬运他人素材，或引用素材未加入个人观点等，都是违反平台发布规则的。

第六，引人不适。视频内容制作要有一定的审美水准，给观众以良好的观看体验，不要出现让人感觉不适的画面或者声音，否则会影响视频的过审率。

步骤一：了解自查违规行为的步骤。

在抖音规则中心首页，点击"违规查询"项，即可自查违规行为，如图 2-1-8 所示。对于出现违反抖音内容审核规则的行为，则会在此页面显示。"违规查询"功能，可以帮助创作者快速了解具体的违规点，并详细解说改善建议。

图 2-1-8 自查违规行为的步骤

步骤二：进行账号检测。

在抖音规则中心首页，点击"账号检测"项，即可开始一键检测账号，如图 2-1-9 所示。

在检测过程中，可以看到账号审核状态检测，包括登录、投稿、评论、点赞、直播、用户资料修改、私信、账号流量八项功能状态是否正常；同时还可以查看最近发布的 30 个视频的审核状态检测结果，如图 2-1-10 所示。

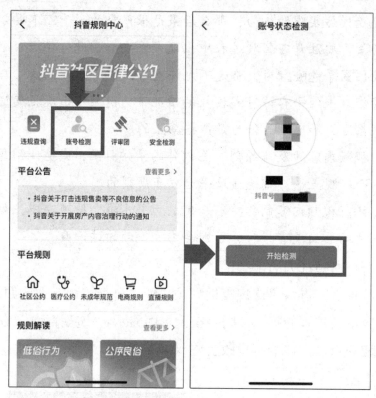

图 2-1-9   进行账号检测的步骤

图 2-1-10   进行账号检测的过程

步骤三：了解短视频违规后果。

访问百度搜索引擎，输入关键字"抖音平台常见违规行为及后果"，可以看到抖音平台常见违规行为及后果的相关资讯推送，学习并进行归纳和总结，填写表 2-1-8 并进行分享。

表 2-1-8 抖音平台常见违规行为及后果调研表

常见违规行为	违规后果

任务二 短视频内容策划

【任务导入】

林凯了解了短视频内容审核要求后，他接到了新的任务，为合作企业广州捷维皮具有限公司主营的学生书包制作推广短视频。如何完成书包产品短视频的制作呢？他向工作室李经理请教。李经理热心地告诉林凯，工欲善其事，必先利其器，短视频内容的策划是制作的前提条件，没有前期的内容策划，后续的制作和运营就会失去指导方向。林凯深受启发，于是赶紧着手了解相关知识。

活动一 进行短视频用户定位

活动描述

林凯接到本次任务后，他首先考虑到，不同的短视频账号针对的目标用户是不同的，一个优质的短视频账号应该明确目标用户，了解目标用户的偏好，挖掘并精准地确定用户的需求，从而实现精准定位。接下来林凯打算进行用户定位，为短视频选题策划做好准备。

活动实施

步骤一：获取用户信息数据。

在进行用户定位时，需要了解用户的一些基本数据，然后通过数据分析用户的属性，从而实现对短视频用户的定位。

> **学一学**
>
> 用户信息数据分为静态信息数据和动态信息数据两类。静态信息数据是用户的固有属性，是构成用户画像的基本框架，主要包括用户的基本信息，如社会属性、商业属性、心理属性等。这类静态的常量信息是无法穷尽的，如姓名、年龄、性别、家庭状况、地址、学历、职业、婚姻状况等，选取符合需求的即可。动态信息数据是用户的网络行为，包括搜索、收藏、评论、点赞、分享、加入购物车、购买等。动态信息数据的选择也必须符合产品的定位。

1. 获取用户静态信息数据。

> **学一学**
>
> 飞瓜数据是一款专业的短视频及直播数据查询、运营和广告投放效果监控工具，提供全方位的数据查询、用户画像、视频监测服务，为团队在内容创作和用户运营方面提供数据支持。

（1）登录飞瓜数据抖音版网站，选择商品栏目下的商品，使用关键字"书包"筛选出目标短视频，如图 2-2-1 所示。

图 2-2-1　飞瓜数据抖音版网站"书包"搜索页面

（2）点击视频详情即可进入详细数据分析页面，点击"受众画像"项，即可查看用户信息数据，如图 2-2-2 所示。请在表 2-2-1 中做好记录。

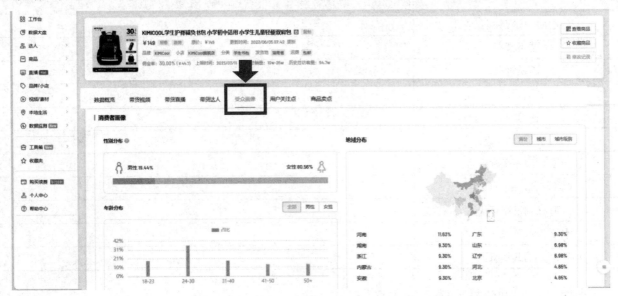

图 2-2-2　飞瓜数据网站受众画像页面

表 2-2-1　飞瓜数据网站受众分析表

	性 别 分 布	年 龄 分 布	地 域 分 布
受众分析			

练一练

请对比 3 个不同的书包产品带货短视频，观察其受众分析数据有哪些共同点和不同点，请把整理结果记录在文档中进行保存，文件以"班级+学号+姓名"的方式命名后，在线上进行提交。

2．确定使用场景，获取用户动态信息数据。

用户动态信息数据一般通过问卷调查、用户深度访谈等方式获得，调研沟通模板如表 2-2-2 所示。

练一练

请以小组为单位，互为访谈对象，按照沟通模板进行深度访谈，进行用户的动态信息数据采集，填写表 2-2-2 并进行小组讨论，总结概括动态信息数据的特点。讨论完毕后在班级内进行分享。

表 2-2-2　用户动态信息数据调研沟通模板

	调 研 内 容
常用的短视频平台	
使用频率	
活跃时段	
周活跃时长	
使用地点	
感兴趣的话题	
什么情况下关注账号	
什么情况下点赞	
什么情况下评论	
什么情况下取消关注	
用户的其他特征	

步骤二： 归纳数据形成用户画像。

把步骤一中获取的用户动态信息数据进行整合，同时对用户静态信息数据进行统计和分析，归纳形成用户画像，具体操作如下。

1．将 3 个书包类带货短视频的男性用户占比和女性用户数量占比进行统计，计算出男性用户和女性用户在书包类带货短视频中的性别占比平均值，并在表 2-2-3 中做好记录。

表 2-2-3　书包类带货短视频性别画像数据统计表

性　　别	男性用户数量占比	女性用户数量占比
短视频 1		
短视频 2		
短视频 3		
平均值		

2．用同样的方法合计各年龄段用户数量占比及平均值，并在表 2-2-4 中做好记录。

表 2-2-4　书包类带货短视频年龄画像数据统计表

年　龄　段	18～23 岁占比	24～30 岁占比	31～40 岁占比	41 岁及以上占比
短视频 1				
短视频 2				
短视频 3				
平均值				

3．用同样的方法合计各省份用户数量占比及平均值，并在表 2-2-5 中做好记录。

表 2-2-5 书包类带货短视频省份画像数据统计表

省 份	广东占比	浙江占比	江苏占比	河北占比	河南占比	……
短视频1						
短视频2						
短视频3						
平均值						

4. 将得出的数据作为书包类带货短视频的用户画像。

练一练

请对比分析抖音平台、快手平台的书包类带货短视频的用户画像，观察其数据有哪些共同点和不同点，把整理结果记录在文档中进行保存，文件以"班级+学号+姓名"的方式命名后，在线上进行提交。

活动二 建立短视频选题库

**活动描述**

短视频内容策划是一个持续的、长期的过程，建立短视频选题库有利于持续地输出短视频内容，形成稳定的内容输出模式。为了建立优质的短视频选题库，林凯决定先了解短视频的选题类型。

**活动实施**

步骤一： 了解短视频选题类型。

学一学

在各类短视频平台中，选题的类型细致且烦杂，如表 2-2-6 所示为常见的短视频类型。可以通过表 2-2-6 中的短视频选题类型来进行垂直的短视频内容策划，建立和扩充短视频选题库。

表 2-2-6 常见的短视频选题类型

类 型	介 绍
生活技巧类	这类短视频的突出特点是"实用"，为用户提供以家务活动为主的、与日常生活有关的短视频
技能分享类	这类短视频与生活技巧类短视频有一定差别，一般是某行业的专业人员对一些专业技能进行分享，包括摄影技能、摄像技能、后期技能等，对用户来说具有一定的门槛
知识科普类	这类短视频是以通俗易懂的语言将深奥的概念解释给用户，如将"量子力学""蝴蝶的翅膀""相对论""姓氏的区别""科举制度"等概念以短视频的形式呈现出来，不仅有充足的选题选项，而且可以就某一领域进行深耕
搞笑吐槽类	这类短视频的受众范围比较广，搞笑吐槽的内容能够让用户沉浸在轻松愉悦的氛围中，从而能够激发大多数用户的兴趣

续表

类　型	介　绍
文艺类	这类短视频与搞笑吐槽类短视频有相似之处，但文艺类短视频的受众主要是文艺青年，短视频内容多以艺术、文化、"心灵鸡汤"为主
美食类	对于"舌尖上的民族"，美食是一个经久不衰的主题，这类短视频在选题上十分方便，几千年的美食文化注定了有大量可选择的美食类选题，能够在长时间内持续产出优质内容

请登录抖音平台进行调研，查找以上六类选题的短视频，填写表 2-2-7，并将短视频下载后保存，在班级内进行分享。

表 2-2-7　抖音平台短视频的选题类型

选 题 类 型	账 号 名 称	短视频标题	短视频主要内容
生活技巧类			
技能分享类			
知识科普类			
搞笑吐槽类			
文艺类			
美食类			

步骤二：建立短视频选题库。

建立短视频选题库可以参考以下几个方面，包括时事热点的追踪、竞争对手的爆款内容、日常的信息积累以及节日类活动等。

1．根据各大热播榜单的时事热点建立热点选题库。

一般热点都是当下大众比较关心或者感兴趣的话题，根据各大热播榜单的时事热点确定的选题，能够将热点的流量导流到短视频上。热点的追踪可以通过微博热搜、抖音热榜、知乎热榜等新媒体平台获取，如图 2-2-3 和图 2-2-4 所示。

图 2-2-3　微博热搜榜和抖音热榜页面

图 2-2-4　知乎热榜页面

2．根据同类的优质对手的爆款选题建立竞品选题库。

通过借鉴竞品账号，对比竞品选题的主要内容、侧重点和爆款视频，并结合自己的实际情况来打造属于自己风格的视频。如图 2-2-5 所示为书包产品类短视频账号的选题库案例。

账号	抖音排名	粉丝量	平均点赞	平均分享	平均评论	选题
森包包	1795	81.9万	5.0万	2339	1279	要考试啦！孩子的作业袋、学习包、补习袋准备好了吗？
						颜色搭配得这么好看还这么能装，厉害了！
						学生高品质防水免洗书包，还是减压减负护腰护脊的
木木林书包	950	156.2万	6.2万	3190	370	猪猪你看，它会飞
						你见过这样的书包吗？
						躺着等等家长来接
桥树包	2734	96万	2.4万	3802	489	防水、耐刮、容量大　你想要的它都有
						背上我心爱的小书包，我永远不会迟到！
						背上它你就是全校里最靓的仔！

图 2-2-5　书包产品类竞品选题库

3．根据日常信息价值筛选建立常规选题库。

常规选题库靠的是日积月累，不管是身边的人、事、物，还是阅读的书和文章，都可以通过价值筛选整理到自己的常规选题库中，不断训练发现选题的嗅觉。如图 2-2-6 所示为一个常规选题库。

选题	来源	内容	点赞量/阅读量
要开学啦，你的书包准备装些啥？	微信公众号	手绘"梦想书包"	10万+
书包选得好，孩子学习好	短视频	书包评测	2.5万
说实话吧，这是不是你的书包？	网页	书包内容展示	
学生党都不能错过的双肩包合集来咯！	短视频	书包合集	1.2万
你们要的平价书包来了，快看有没有喜欢的？	短视频	书包推荐	92万
我是真怕爸妈翻书包	短视频	被翻书包经历	79万

图 2-2-6　书包产品类常规选题库

4.根据节日类活动建立活动选题库。

可以把节日类活动作为选题，如中秋节、国庆节、春节、端午节等大众关心的节日，也可以结合平台官方不定期推出的一些话题活动作为选题。

练一练

请以小组为单位，讨论建立本次企业短视频的选题库。把选题库整理后记录在表格中进行保存，文件以"班级+学号+姓名"的方式命名后，在线上进行提交。

活动三 确定短视频的内容展现形式

 **活动描述**

做好用户定位、明确选题方向之后，还需要确定短视频的内容展现形式。不同风格的短视频，其展现形式也是不同的。短视频的展现形式决定了用户会通过什么方式记住短视频的账号和内容。林凯决定先了解短视频内容有哪些展现形式，再更有针对性地为短视频选择具体的展现形式。

 **活动实施**

步骤一：了解短视频的内容展现形式。

学一学

比较常见的短视频展现形式有图文形式、模仿形式、解说形式、脱口秀形式、情景剧形式和 Vlog 形式等。

（1）图文形式。

图文形式是最简单、成本最低的短视频展现形式之一。在短视频平台上，用户经常可以看到，有的短视频只有一张底图或者影视剧经典片段的截图，图中配有励志类或情感类文字，并配有适合的音乐。

（2）模仿形式。

模仿形式是很常见的短视频展现形式。模仿形式的短视频，其制作方法很简单，只需要搜索短视频平台上比较火的短视频，在被模仿视频的基础上修改或创新，然后用其他形式表现出来。

（3）解说形式。

解说形式的短视频是由短视频创作者搜集视频素材，进行剪辑加工，然后加上片头、片尾、字幕和背景音乐等，自己配音解说制成的。其中，最常见的是影视剧类短视频的解说。

（4）脱口秀形式。

脱口秀形式的短视频操作简单，成本相对较低，但是对脱口秀表演者的要求较高，需

要人设打造得很清晰，具有辨识度，能不断地为用户提供有价值的内容来获得用户的认可，提高用户黏性，因此此类短视频的变现能力比较强。

（5）情景剧形式。

情景剧形式就是通过表演把想要表达的核心主题展现出来。这种短视频需要演员表演，创作难度最大，成本也最高。前期需要准备脚本，还需要设计拍摄场景（要求摄像师掌握拍摄技巧），后期要进行视频剪辑。

（6）Vlog 形式。

随着短视频的兴起，越来越多的人，尤其是年轻人，开始拍摄 Vlog。这种形式的短视频就像写日记，用影像代替了文字和照片。但这不代表 Vlog 可以拍成流水账，而是一定要有明确的主题，如旅游 Vlog、留学 Vlog、健身 Vlog 等。

请登录抖音平台进行调研，查找以上 6 类短视频的展示形式，填写表 2-2-8，并将短视频下载后保存，在班级内进行分享。

表 2-2-8　抖音平台短视频的内容展现形式

短视频展现形式	账 号 名 称	短视频标题	短视频主要内容
图文形式			
模仿形式			
解说形式			
脱口秀形式			
情景剧形式			
Vlog 形式			

步骤二：确定本次企业书包产品短视频的内容展现形式。

练一练

请以小组为单位进行讨论，根据以上所学短视频的内容展现形式，选择其中一种并说明理由，为接下来的企业任务书包产品的脚本撰写做好准备。在表 2-2-9 中做好记录，并在班级内进行分享。

表 2-2-9　确定短视频的内容展现形式

所选择的短视频内容展现形式	
选择理由	

任务三 短视频脚本文案撰写

【任务导入】

　　林凯为合作企业广州捷维皮具有限公司完成的短视频内容策划得到了工作室李经理的肯定，李经理决定让林凯按照内容策划对短视频进行脚本文案的撰写。对于短视频制作来说，脚本的写作至关重要，有一个好的脚本，才能更好地完成后续的短视频创作。林凯信心满满，于是赶紧着手了解相关知识。

活动一　认识短视频脚本

活动描述

　　一个优秀的短视频中，每一个镜头都是经过精心设计的，而镜头的设计依据来源于短视频脚本，因此短视频脚本对于视频拍摄来说十分重要。为了顺利完成短视频脚本的撰写，林凯首先要了解什么是短视频脚本，以及短视频脚本的特点、作用和内容。

活动实施

　　步骤一： 认识短视频脚本及其特点。

学一学

　　脚本就是拍摄视频的依据。参与视频拍摄与剪辑的人员，包括摄影师、演员、服装道具等，他们的一切行为都服从于脚本。在什么时间、地点，画面中出现什么镜头，怎样运用景别，也都是根据脚本来创作的。所以说短视频脚本是短视频制作的灵魂，用于指导整个短视频的拍摄和后期剪辑，具有统领全局的作用。虽然短视频的时长较短，但优质短视频的每一个镜头都是精心设计的。撰写短视频脚本可以提高短视频的拍摄效率与拍摄质量。

　　与传统的影视剧脚本及长视频脚本不同，短视频在镜头的表达上会有很多局限性，如时长、观影设备、观众心理期待等，所以短视频脚本需要更密集的视觉、听觉和情绪的刺激，并且要安排好剧情的节奏，保证在 5 秒钟内抓住用户的眼球。

　　访问百度搜索引擎，搜索关键字"短视频脚本的特点"，进行归纳和总结，填写表 2-3-1，并在班级内进行分享。

表 2-3-1　短视频脚本的特点

短视频脚本的特点	

步骤二：了解短视频脚本的作用和内容。

学一学

脚本通常出现在影视、戏剧领域，是表演戏剧、拍摄电影等所依据的底本，其功能是作为故事的发展大纲，用以确定故事的发展方向。在短视频领域，脚本在短视频内容的创作中也起到了类似的作用。

（1）确定故事的发展方向。

脚本是短视频的一个拍摄框架，对于故事的发展方向起着决定性的作用。当一个故事的时间、地点、人物、过程、结果确定之后，故事的发展也就有了一个大致的框架，在拍摄和剪辑时，只要根据这个框架拍摄、剪辑即可。

（2）提高短视频的拍摄效率。

只有确定了故事脚本，才能在拍摄和剪辑过程中更加顺利。试想在拍摄之前没有确定故事脚本，只能边拍边想剧情，很可能在拍摄完毕之后才会发现有镜头或情节没有拍摄，甚至可能发现有剧情逻辑问题。所以说，短视频故事脚本能够提高短视频的拍摄效率。

（3）提高短视频的拍摄质量。

拍摄效率的提高，也有利于拍摄质量的提高。在拍摄之前确定好机位、景别、画面内容等镜头语言，也有利于短视频拍摄质量的提高。

（4）指导短视频的剪辑。

只有在拍摄和剪辑之前确定短视频故事脚本，在剪辑时才可以按照脚本进行操作，从而提高剪辑的效率，指导剪辑的剧情安排。

利用百度搜索引擎搜索相关信息，输入关键字"短视频脚本的内容"，学习短视频脚本的内容，进行归纳总结，填写表 2-3-2，并进行分享。

表 2-3-2　短视频脚本的内容

短视频脚本的内容	

活动二　熟悉短视频脚本的类型

**活动描述**

脚本为短视频的拍摄、剪辑提供了一个精细的指导流程。拍摄时只需按照脚本流程推进下去就能快速完成拍摄。林凯在认识了短视频脚本的特点及其作用后，还想了解短视频脚本具体有哪些类型。

活动实施

步骤一：了解短视频脚本的类型。

短视频脚本大致分为三类：拍摄提纲脚本、文学脚本和分镜头脚本。每种类型各有优点和缺点，适用的短视频类型也不尽相同。

1. 了解拍摄提纲脚本。

学一学

拍摄提纲脚本主要是为拍摄一部影片或某些场面而制定的拍摄要点，在拍摄之前需要把拍摄的内容罗列出来，形成一个粗框架。这种脚本只对拍摄内容起提示作用，适用于一些不容易掌控和预测的内容。如果要拍摄的短视频没有太多不确定的因素，那么一般不建议采用这种方式。

【案例展示 2-3-1】

《橘子洲头》短视频的拍摄提纲脚本

提 纲 要 点	提 纲 内 容
主要内容	本次拍摄的主要内容包括橘子洲的形成、橘子洲的景观
展现橘子洲的地理位置	岳麓山、长沙城、湘江、湘江大桥、橘子洲（以摇镜头为主，包括全景和远景）
橘子洲的形成	拍摄通向橘子洲的街道和公园小路，以及橘子园（全景）和橘子（特写，若没有，可以在后期制作时加上相关图片）
橘子洲的景观	植物、亭台楼阁、小桥流水（可以有人物在桥上，与水中倒影结合）、沙滩公园、潇湘名人会馆、石栏、垂柳
夜晚的橘子洲	长沙城夜景、傍晚的大桥、橘子洲的焰火（若没有，则搜寻相关图片和视频，后期制作时加上）

案例讨论：

1. 根据本案例中的拍摄提纲，梳理出拍摄提纲脚本的特点。

2. 这种拍摄提纲脚本类型的短视频脚本比较适用于哪些短视频的拍摄？

利用百度搜索引擎搜索相关信息，输入关键字"拍摄提纲脚本的撰写步骤"，了解拍摄提纲脚本的撰写步骤，进行归纳总结，填写表2-3-3，并进行分享。

表2-3-3 拍摄提纲脚本的撰写步骤

拍摄提纲脚本的撰写步骤	

2．了解文学脚本。

学一学

文学脚本就是将小说或各种小故事进行改编，并以镜头的方式进行呈现的一种脚本类型。这种文学脚本与一般的剧本不同，并不会有具体指明任务的台词，只需要写明短视频内容中人物需要做的事情或任务。

【案例展示 2-3-2】

《破碎》短视频的文学脚本（片段）

场景1：

① 画面淡入，全景：车来车往的大街夜景，一辆面包车开着应急灯飞驰而过。

② 近景：面包车内警察甲开着车。

③ 特写：一根警棍随着汽车的颠簸而摇晃。

④ 摇为近景：秦扬坐在旁边，脸色苍白，头发蓬乱，一言不发，神情麻木。

⑤ 全景：面包车转了个弯，加速开过，应急灯闪烁。

⑥ 中景：秦扬从面包车往外看的镜头，路边一家电器商城闪过。

案例讨论：

1．根据本案例中的文学脚本，梳理出文学脚本的特点包括哪些。

2．这种文学脚本类型的短视频脚本比较适用于哪些短视频的拍摄？

3．了解分镜头脚本。

学一学

分镜头脚本就是将短视频分为若干个具体的镜头，并对每个镜头安排内容的一种脚本类型。分镜头脚本的要求十分细致，每一个画面都要在掌控中，并对每一个镜头的具体内容进行规划，主要内容包括镜头编号、景别、时长、画面内容、人物、台词、音效等。

【案例展示 2-3-3】

购买保温杯短视频的分镜头脚本

镜号	景别	时长	画面内容	人物	台词	音效
1	远景	3秒	顾客在商场里挑选保温杯	顾客	这么多款保温杯，我该买哪一款呢？	"思考"音效
2	中景	2秒	顾客拿起一款保温杯，并查看价格	顾客	这款保温杯看起来不错,但是好贵啊！	

续表

镜号	景别	时长	画面内容	人物	台词	音效
3	中景	3秒	店员走过来和顾客说话	店员	您好，这款保温杯是我们原装进口的产品，不仅可以保温24小时，而且盖子设计得很巧妙，可以直接喝水，也可以当杯子用。	
4	中近景	2秒	顾客打开保温杯的盖子	顾客	的确啊，这个设计很方便。	
5	中近景	2秒	店员拿起同款另一个颜色的保温杯	店员	这款保温杯的手感也很好，外形设计也很特别，还有几个不同颜色的选择。	
6	中近景	2秒	顾客看着保温杯	顾客	是挺好的，就是价格贵了一点。	
7	中景	2秒	店员对顾客说话	店员	好的产品自然是价格会更贵一点，但是我们现在新品促销，限时有八折优惠。	
8	中景	3秒	顾客对店员说话	顾客	这样是吧，那给我拿着这款吧。	"欢快"音效

案例讨论：

（1）根据本案例中的分镜头脚本，梳理出分镜头脚本的特点。

（2）这种分镜头脚本类型的短视频脚本比较适用于哪些短视频的拍摄？

步骤二： 确定短视频脚本的类型。

根据以上3种短视频脚本类型，在充分了解相关信息后，梳理和对比3种类型的脚本的特点和适用范围，填写表2-3-4，并进行分享。

表2-3-4　3种短视频脚本类型对比分析表

	特　　点	适　用　范　围
拍摄提纲脚本		
文学脚本		
分镜头脚本		

练一练

请以小组为单位，对比3种不同类型的短视频脚本，确定其中一种作为本次企业书包产品拍摄任务的短视频脚本类型，并说明理由。请把选择结果及理由记录在文档中进行保存，文件以"班级+学号+姓名"的方式命名后，在线上进行提交。

活动三　撰写短视频分镜头脚本

活动描述

分镜头脚本就是将短视频拍摄内容按拍摄顺序分为若干个具体的镜头的一种脚本类型。

为了能写出更优质的分镜头脚本，林凯打算借助互联网，利用最前沿的人工智能技术搜集优秀的脚本素材，为分镜头脚本策划做好准备。

**活动实施**

当下人工智能技术的迅猛发展为各个领域带来了突破性变革。在短视频行业，利用人工智能技术辅助进行短视频脚本的创作已成为必然的发展趋势。基于数据驱动的人工智能技术，可以拓宽创作思路，快速生成创意灵感，高效生成脚本创作素材，为短视频脚本的策划和撰写提供基础。目前，市面上涌现出众多相关智能 AI 工具，接下来我们和林凯一起，以讯飞星火认知大模型为例进行短视频脚本素材的搜集体验。

步骤一：搜集短视频脚本素材。

学一学

讯飞星火认知大模型是我国自主研发的新一代认知智能大模型，拥有跨领域的知识和语言理解能力，能够基于自然对话方式理解与执行任务。其短视频脚本助手是一款基于人工智能技术的视频制作工具，它可以通过自然语言处理技术，将用户输入的文本转化为可视化的视频脚本，并根据用户的需求智能生成相应的视频内容。

---

1. 进入讯飞星火认知大模型页面。
2. 选择短视频脚本助手功能，点击进入，如图 2-3-1 所示。

图 2-3-1　选择短视频脚本助手功能

3. 输入脚本生成指令。

学一学

如果想利用 AI 技术生成较高质量的脚本素材，可以参考以下方法。

（1）明确主题和目标受众。

在输入创作主题时，需要明确短视频脚本的方向和目标受众，如"小学生最喜欢的书

包"，"什么样的书包更适合小学生"等。这样可以帮助人工智能更加准确地输出符合期望的短视频脚本。

（2）提供详细背景信息。

为了让智能 AI 能够深入了解创作者的需求，需要在文本指令中提供尽可能多的详细背景信息。例如，如果是关于书包的短视频剧本，可以说明想要传达哪些具体内容、目标受众的年龄段、是否有特定场景等。

（3）简洁明了的语言描述问题。

在写脚本主题时，需要用简洁明了的语言进行问题描述。避免使用抽象或模糊不清的语言指令。例如，"什么样的书包更适合小学生"就比"什么样的书包更好"更加清晰明了。这样可以帮助智能 AI 准确理解创作者想要表达的意思。

（4）输入合适的辅助指令要求。

选择符合主题的指令选项，如：剪辑建议、背景音乐建议、是否旁白等。

（5）增加补充信息。

在指令框中输入主题补充信息，如以主题："什么样的书包更适合小学生"为例，补充信息为：突出产品轻便、容量大、保护脊柱、防水的卖点信息，目标受众为 28～45 岁的妈妈群体，希望通过生动形象、通俗易懂的方式传递什么样的书包更适合小学生，以达到推广书包产品的目的，字数约为 500 字。这样的表达既强化了商品主体，又细化了主题的分支信息。

此外，还可以利用人工智能辅助生成不同视角的创意灵感。如给予指令："我想制作一款小学生书包的推广短视频，请帮我生成十条灵感创意。"

在对话框中输入：以"什么样的书包更适合小学生"为主题，突出产品轻便、容量大、保护脊柱、防水的卖点信息，目标受众为 28～45 岁的妈妈群体，希望通过生动形象、通俗易懂的方式传递什么样的书包更适合小学生，达到推广书包产品的目的，字数约为 500 字。输入完成后发送，AI 将自动生成相应的脚本素材，如图 2-3-2 所示。

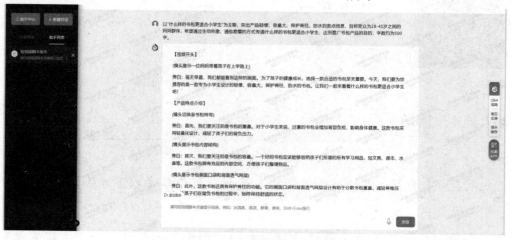

图 2-3-2　智能生成脚本素材

4．复制 AI 智能生成的短视频脚本素材至文档中，同时可以给出多种创意指令，让 AI 从不同角度生成创意，最后复制至文档中并进行整理归纳，以作为脚本创作的素材资源。

练一练

请参考以上内容，借助讯飞星火认知大模型，输入合适的指令，整理出 AI 生成的三个不同视角书包带货短视频的脚本素材，分析它们的优点和缺点，并以小组为单位围绕什么样的短视频脚本生成的指令更加适合进行讨论。讨论完毕后，以小组为单位在班级进行分享。

步骤二：进行短视频脚本策划。

在撰写脚本之前，林凯还需要完成企业书包产品短视频脚本策划，确定短视频的整体思路并在表 2-3-5 中做好记录。

表 2-3-5　短视频脚本策划内容

拍 摄 内 容	拍 摄 时 间	拍 摄 地 点	拍 摄 场 景	人 物 关 系

1．确定拍摄内容。

每个短视频都应该有明确的主题，以及为主题服务的内容。林凯需要根据前面所学的任务明确短视频的拍摄内容。

2．确定拍摄时间。

根据拍摄内容思考对拍摄时间是否有特殊要求，并确定拍摄时间，确保短视频拍摄工作的正常进行，不会影响拍摄进度。

3．确定拍摄地点和拍摄场景。

根据拍摄内容思考对拍摄地点是否有特殊要求，并确定拍摄地点，如需要提前确定是室内场景还是室外风光，是棚拍还是绿幕抠像。

4．确定人物关系。

根据拍摄内容思考需要设计几个人物，以及他们分别承载拍摄内容的哪一部分使命。

步骤三：撰写分镜头脚本。

学一学

分镜头脚本主要是以文字的形式、用镜头的方式直接表现短视频内容画面。通常分镜头脚本的撰写步骤如下。

（1）确定镜头编号。根据拍摄内容细分成每个镜头，并按顺序编号。

（2）确定景别。为分镜头划分具体的全景、中景、近景、特写等。

（3）确定分镜头的时长。根据分镜头的内容，规划每个镜头的拍摄时间，以秒为单位确定拍摄时长。

（4）确定分镜头的画面内容。按照分镜头的内容，以具体而形象的文字描述画面，便于理解。

（5）确定分镜头的人物角色。

（6）确定分镜头的人物台词。台词要精炼，简洁明了。

（7）规划背景音乐的使用节点，应标明起始位置。

（8）设计音效，用来创造画面身临其境的真实感，如环境声、雷声、雨声等。

练一练

请根据以上步骤，撰写本次书包产品短视频的分镜头脚本，在表 2-3-6 中做好记录，并在班级内进行分享。

表 2-3-6　书包带货短视频的分镜头脚本

镜头编号	景别	时长	画面内容	人物	台词	音效
1						
2						
3						
4						
5						
6						
7						
8						
…						

项目评价

填写"项目完成情况效果评测表"，完成自评、互评和师评。

项目完成情况效果评测表

组别：　　　　　　　　　　　　　　　　　　　　　学生姓名：

项目名称	序　号	评测依据	满分分值	评价分数		
				自评	互评	师评
职业素养考核项目（40%）	1	具有责任意识，任务按时完成	10			
	2	全勤出席且无迟到早退现象	6			
	3	语言表达能力	6			
	4	积极参与课堂教学，具有创新意识和独立思考能力	6			
	5	团队合作中能有效地合作交流、协调工作	6			
	6	具备科学严谨、实事求是、耐心细致的工作态度	6			

续表

项目名称	序 号		评测依据	满分分值	评价分数		
					自评	互评	师评
专业能力考核项目（60%）	7	短视频内容审核要求	了解短视频的行业规范和各大短视频平台的内容审核规则，熟悉常见的违规行为及其后果，能够进行短视频账号检测并自查违规行为	15			
	8	短视频内容策划	能够准确地对短视频进行用户定位，建立短视频选题库，确定短视频的内容展现形式	15			
	9	短视频脚本类型确定	了解短视频脚本的作用，熟悉短视频脚本的类型，根据内容策划确定短视频脚本类型	15			
	10	短视频分镜头脚本撰写	熟悉短视频分镜头脚本的撰写步骤，完成短视频分镜头脚本的撰写	15			
评价总分							
项目总评得分	自评（20%）+互评（20%）+师评（60%）=				得分		
本次项目总结及反思							

 **项目检测**

一、单选题

1. 下列不属于用户静态信息数据的是（　　　）。

A. 学历　　　　　　B. 兴趣爱好　　　　　C. 活跃时段　　　　D. 婚姻状况

2. 抖音平台明令禁止的行为不包括（　　　）。

A. 明显的广告营销信息　　　　　　　　B. 暴露/裸露的视频

C. 视频中出现腾讯等相关字眼　　　　　D. 好物推荐

3. 以下关于撰写短视频分镜头脚本的具体内容，描述不正确的是（　　　）。

A. 用户　　　　　　B. 画面内容　　　　　C. 人物　　　　　　D. 景别

4. 以下哪一种类型不属于短视频脚本？（　　　）

A. 拍摄提纲　　　　B. 分镜头脚本　　　　C. 文学脚本　　　　D. 剧本脚本

二、多选题

1. 关于短视频的脚本类型，以下哪几项的说法是正确的？（　　　）

A. 拍摄提纲脚本主要应用在纪实拍摄当中

B. 文学脚本不像分镜头脚本那么细致，适用于不需要剧情的短视频创作

C. 分镜头脚本适用于故事性强的短视频，是故事类短视频常用的脚本类型

D. 一些不怎么需要剧情或者台词的短视频可以采用文学脚本

2. 短视频的选题类型包含以下哪些类别？（　　　）

A. 生活技巧类　　　　B. 知识科普类　　　　C. 技能分享类　　　　D. 搞笑吐槽类

E. 文艺类

3. 短视频内容的展现形式包含了以下哪些形式？（　　　）

A. 图文形式　　　　B. 解说形式　　　　C. 脱口秀形式　　　　D. 情景剧形式

E. 模仿形式

三、简答题

1. 短视频分镜头脚本的撰写步骤有哪些？

2. 短视频脚本的作用是什么？

四、实训任务

任务导入：

"寻味某某"是一个本土美食类短视频账号，上一个阶段已经完成账号的设置和基本操作。账号的定位是地区特色美食分享，为创作出优质的短视频，现需要完成内容策划和分镜头脚本的撰写。

1. 实训目的

通过本次企业任务，学生能根据短视频行业规范及内容审核规则，进行内容策划，包括用户定位、建立选题库、确定内容展现形式，完成短视频分镜头脚本的撰写。

2. 实训任务条件

在前置学习任务中，各小组已经完成了"寻味某某"短视频账号的设置和基本操作。

3. 实训目标

（1）进行用户定位，建立选题库并确定内容展现形式。

（2）确定短视频内容展现形式和脚本策划内容。

（3）完成短视频分镜头脚本的撰写。

4. 任务分工

小组进行讨论，确定本次任务分工。

5. 实训步骤

步骤一：进行用户定位。

使用工具获取用户信息数据，形成用户画像。

步骤二：建立选题库。

按照时事热点的追踪、竞争对手的爆款内容、日常的信息积累及节日类活动等分类建立选题库。

步骤三：确定短视频内容展现形式和脚本策划内容。

根据用户定位，结合需求，确定短视频的内容展现形式和脚本策划内容。

步骤四：短视频分镜头脚本的撰写。

根据所确定的内容和主题，按照分镜头脚本的撰写步骤，完成分镜头脚本撰写，并做好记录。

项目三

短视频的拍摄准备与拍摄技巧

 【项目导入】

竖屏短视频《悟空》，唤醒少年英雄梦

2022 年 2 月 21 日，在央视举办的第二届"中国品牌强国盛典"上，华为被评为十大"国之重器"品牌之一。作为中国科技的代表企业，华为通过科技自研，一步步发展成为全球 5G 技术领先的巨头，华为也因此遭受了许多不公平待遇。但华为在面对海外市场的屡屡打压下，始终不慌不忙，沉着应对。2019 年年初，在外部压力下，华为从容地发布了用 P30 Pro 智能手机拍摄的竖屏微电影短视频《悟空》，瞬间引爆了各大传播平台。

《悟空》短视频的片长虽然仅有八分钟，却颠覆了人眼横看视频的横屏手法，大胆地采用了全新的竖屏构图拍摄模式，将该短视频的拍摄从故事脚本、布景到构图都结合竖屏进行量身定制的创作。拍摄者尝试发挥智能手机自身轻便灵活的特性，去拍摄"专业设备拍不到的画面"。《悟空》短视频在拍摄过程中没有使用任何外接镜头，却充分运用智能手机的性能特点实现了多个精湛镜头画面的拍摄。例如，拍摄者利用手机自身拍摄所具有的独到取景视觉，成功营造第一人称视觉，让镜头前的观众更有代入感；短视频中毒蛇靠近小演员的片段画面是拍摄者手持灵活的运镜技巧来操作的，还原了毒蛇视角，成功营造出紧张感的画面效果；短视频中出现的"敏感动物"特写镜头使用了近距离跟拍；同时，在短视频中看到的多个航拍画面是拍摄者将手机架在无人机上，使用手机的广角镜头拍摄出来的远景航拍镜头。

贯穿短视频《悟空》全片的精神主线是小男孩把孙悟空作为自己的偶像，为了他梦想中的孙悟空电影，独自翻山越岭，穿越丛林，不畏艰险，历经"九九八十一难"，最终穿越到了 30 年后的城市电影院中。这个小男孩的故事正如华为的科技探索之路，怀揣着梦想，

一路独行，披荆斩棘，在"极限生存状态"下勇敢地面对困难。华为给出的答复是：鸿蒙初辟原无姓，打破顽空须悟空。

　　思考：1. 本案例中《悟空》短视频使用了哪些拍摄设备？

　　　　　2. 《悟空》短视频为了实现竖屏构图拍摄做了哪些挑战与尝试？

　　　　　3. 该品牌在遭受外部压力时绝不妥协的态度，给你带来了什么启示？

【项目目标】

知识目标：

1. 了解短视频制作团队的岗位工作职责、职业能力与职业道德素养。

2. 认识不同类别短视频拍摄设备的性能特点及录制参数的设置。

3. 熟悉短视频拍摄的构图技巧、运镜技巧的应用及景别的设置。

技能目标：

1. 能够依据拍摄需求，选择合适的短视频制作团队人员配置与拍摄设备。

2. 能够准确地设置摄像设备的内存、分辨率、帧率等录制参数。

3. 能够灵活地应用不同类别的构图技巧、景别与运镜技巧。

素养目标：

1. 弘扬创新文化，增强学生科技强国意识。

2. 提高学生的职业道德素养与法治意识。

3. 培养学生在数据分析时，养成科学严谨、实事求是、耐心细致的工作态度。

【项目导图】

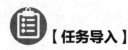

任务一　短视频拍摄准备

【任务导入】

林凯已经完成了书包产品短视频的内容策划与脚本文案的撰写，现准备进入短视频拍摄环节。工作室李经理告诉林凯，要想顺利地完成短视频的拍摄工作，首先要做好短视频拍摄的前期准备，如组建一支有力的短视频制作团队、挑选合适的拍摄设备，以及做好拍摄设备的相关设置等。为此，林凯开始着手了解相关知识。

活动一　组建短视频制作团队

活动描述

近年来短视频行业发展迅猛，竞争也越来越激烈。为了提升短视频的质量和创作效率，当下短视频制作大多从独自完成转变为团队合作。为了组建一支能够满足书包产品短视频拍摄需求的制作团队，林凯计划首先利用互联网查询和了解短视频制作团队的岗位工作职责，然后了解岗位的职业能力与道德素养，最后结合实际情况确定本次短视频制作的团队人员配置。

活动实施

步骤一：了解短视频制作团队的主要岗位及职责要求。

> **学一学**
>
> 专业的短视频制作团队，一般是由 6 种岗位组成的，分别是导演、摄影师、演员、场务、剪辑师、运营。

请访问智联招聘官方网站，在招聘网站首页搜索栏中输入关键字"短视频+岗位名称"（如短视频导演、短视频运营等），分别查询不少于 5 条招聘信息内容，分析短视频制作团队的岗位工作职责与岗位要求，并在表 3-1-1 中做好记录。

表 3-1-1　短视频制作团队的岗位工作职责与岗位要求

岗　　位	工 作 职 责	岗 位 要 求	岗　　位	工 作 职 责	岗 位 要 求
导演			摄影师		
演员			场务		
剪辑师			运营		

> **练一练**
>
> 请以小组为单位，根据短视频制作团队的岗位工作职责与岗位要求的知识要点，开展

讨论，合理地给小组成员分配对应的工作岗位，并说明原因。讨论并确定小组成员的岗位后，请以小组为单位在班级内进行分享。

步骤二：了解短视频从业人员的职业能力与职业道德素养。

学一学

1. 短视频从业人员的职业能力

短视频从业人员需要完成内容策划、视频拍摄、剪辑、发布运营等一系列连贯性工作，整个流程需要从业人员分工协助，发挥团队的力量。也就是说，短视频从业人员都应该具备基本的职业能力，才能有效地提高工作效率，提升短视频内容的质量。短视频从业人员的职业能力如图 3-1-1 所示。

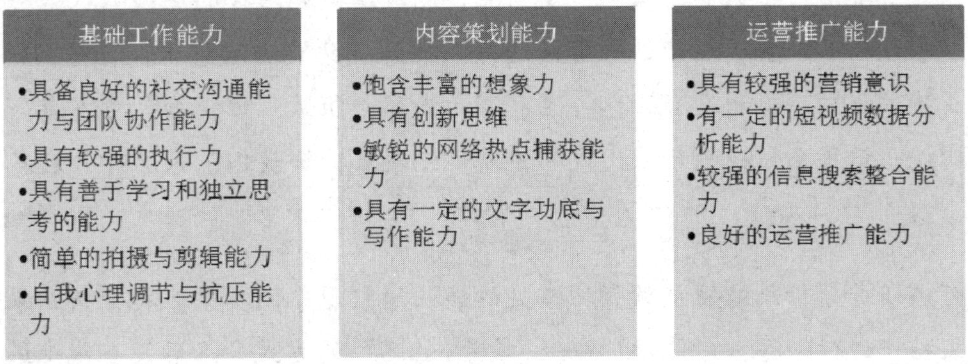

基础工作能力	内容策划能力	运营推广能力
•具备良好的社交沟通能力与团队协作能力 •具有较强的执行力 •具有善于学习和独立思考的能力 •简单的拍摄与剪辑能力 •自我心理调节与抗压能力	•饱含丰富的想象力 •具有创新思维 •敏锐的网络热点捕获能力 •具有一定的文字功底与写作能力	•具有较强的营销意识 •有一定的短视频数据分析能力 •较强的信息搜索整合能力 •良好的运营推广能力

图 3-1-1　短视频从业人员的职业能力

2. 短视频从业人员的职业道德素养

短视频从业人员的职业道德素养是指在短视频制作与发布的整个职业活动过程中，短视频从业人员应遵循的且符合该职业特点所要求的道德准则和行为规范。除了包括所有就业者需要遵守的基本职业道德，如爱岗敬业、忠于职守、乐于奉献等，短视频从业人员还应遵守以下职业道德：

（1）坚定社会主义核心价值观，传播正确价值导向内容。

（2）遵守国家法律法规，避免传播侵权等违法违规内容。

（3）实事求是，杜绝抄袭、杜撰、造谣等虚假内容。

请搜索近 5 年短视频行业内出现的违法违纪案例，分析和研究案例违法的原因，并在表 3-1-2 中做好记录。

表 3-1-2　短视频行业的违法案例分析表

案 例 序 号	案例内容描述	违 法 原 因
案例①		
案例②		
案例③		
案例④		

【案例展示 3-1-1】

打击短视频违法乱象，拒做"短视频"毒害者

短视频的兴起极大地丰富了大众的生活，扩展了人们的视野，也拉动了经济发展。但是近年来，短视频领域乱象丛生，屡屡出现"网红乱象"、违规营利、恶意营销、造假炒作等突出问题。

此前，央视网曾点名批评一些短视频平台的账号，以故意编造耸人听闻、遭遇凄惨的故事拍成虚假短视频，然后打着真实见闻的旗号，在各大平台大肆发布宣传，利用大众的同情心骗取钱财。此外，还有不少短视频创作者为了吸引眼球，身着暴露的服装，用各种低俗言行吸引受众，或者依靠猎奇、暴力的视频内容赚取流量，更有甚者如一些所谓的健身创作者借健身之名，推销类固醇等违法药品，突破道德和法律的底线。

作为短视频从业人员，理应遵守职业道德，提高自身的法治意识，自觉拥护积极向上且价值观正确的视频，抵制没有营养甚至有害的内容，拒做"短视频"毒害者。

案例讨论：近年来短视频行业出现的违法乱纪现象，给我们带来了什么启发？

练一练

请进行调研并分析总结短视频领域常见的违法违纪现象的类型。把分析结果进行整理后记录在文档中进行保存，文件以"班级+学号+姓名"的方式命名后，在线上进行提交。

步骤三：确定短视频制作团队人员的配置。

学一学

团队人员配置越齐全，分工越明确，越能体现短视频制作团队的专业程度。但是由于市场的收益情况无法预见，加上预算资金有限等客观条件，很多短视频制作团队无法实现每个职能分工都由专人负责。在这种情况下，短视频制作团队要根据自身情况选择适合的团队人员配置。

内容定位不同的短视频，在内容创作和运营方面的工作难度各有不同，所需要的团队人员配置也有差别。在确定短视频制作团队人员配置时，可以按照资金预算和目标要求，把人员配置分为高配、中配、低配三个级别，如表3-1-3所示。

表3-1-3　短视频制作团队人员配置的三个级别

高配（9人或以上）	中配（5人左右）	低配（1~2人）
导演	导演	自编、自导、自演、自拍、自剪、自运营的全能人员
道具人员		
化妆师	演员	
演员		

续表

高配（9 人或以上）	中配（5 人左右）	低配（1～2 人）
摄影师	摄影师	自编、自导、自演、自拍、自剪、自运营的全能人员
录音师		
灯光师	剪辑师	
剪辑师		
运营	运营	

　　本次项目的预算资金充足，但书包产品短视频拍摄场景较为单一，脚本内容相对简单，拍摄工作量适中，难度中等。结合资金预算情况与书包产品短视频的内容定位，林凯决定选择中配团队进行本次书包产品的短视频拍摄工作。

活动二　挑选合适的拍摄设备

活动描述

　　工欲善其事，必先利其器。挑选合适的拍摄设备，可以让短视频创作者在拍摄过程中得心应手，并制作出高质量的短视频作品。林凯了解到挑选拍摄设备的基本标准是，拍摄设备要与所拍摄的短视频需求相匹配，同时要符合团队的规模与预算。为此，林凯打算了解不同拍摄设备的性能配置、特点、价格区间等，为挑选到合适的拍摄设备做好准备。

活动实施

　　步骤一： 挑选短视频拍摄的摄像设备。

学一学

　　摄像设备是指用于拍摄短视频画面的主要设备，具体包含以下几种。

　　（1）智能手机。

　　随着智能手机技术的不断发展及 5G 短视频时代的到来，智能手机已经成为最常用的摄像设备之一。目前短视频平台功能日趋完善，短视频创作者可以直接用智能手机拍摄短视频上传到短视频平台。

　　（2）专业相机。

　　专业相机就是我们通常所说的单反相机，是一种利用光学成像原理形成影像并依靠电子传感器来记录影像的设备。随着相机技术的迭代更新，当代的单反相机已经成为一种结合光学、精密机械、电子技术等的复杂产品，能够满足专业摄像的要求。

（3）航拍无人机。

航拍无人机是近年来"大火"的设备，如今航拍无人机被广泛应用于短视频拍摄中。航拍无人机由机体和遥控器两部分组成：机体中带有摄像头或高性能摄像机，可以完成视频拍摄任务；遥控器则负责控制机体飞行，并可以连接手机和平板电脑实时监控拍摄效果。

1．了解使用智能手机拍摄短视频的配置要求。

目前市面上推出的智能手机众多，但并不是每一款都能满足短视频拍摄的需求。要想拍摄出令人满意的短视频，就要选择摄像头像素、机身内存及运行内存都满足短视频拍摄基础要求的智能手机。同时，拍摄团队的预算资金有限，在选择时还需考虑设备的价格情况。

访问百度搜索引擎，查找智能手机短视频拍摄的配置要求，并查询其对应的售价区间，并在表 3-1-4 中做好记录。

表 3-1-4　智能手机短视频拍摄的配置要求

设　备	摄像头像素	机　身　内　存	运　行　内　存	价　格　区　间
智能手机				

2．了解使用智能手机拍摄短视频的优势与不足。

学一学

智能手机作为当下短视频拍摄使用最广泛的摄像设备之一，与专业相机和航拍无人机相比，其优势主要体现在 4 个方面：一是方便携带，随时随地拍摄；二是操作智能，拍摄门槛低；三是编辑便捷，分享发布快速；四是价格相对低廉。

访问百度搜索引擎，查询使用智能手机拍摄短视频的不足之处，调研完毕后在班级内进行分享。

练一练

请对以下两种短视频拍摄的摄像设备进行调研，填写表 3-1-5，并进行小组讨论，确定本小组选择的摄像设备及理由，讨论完毕后在班级内进行分享。

表 3-1-5　短视频拍摄的常见摄像设备调研表

摄　像　设　备	配置要求（摄像头像素、机身内存、运行内存）	价　格　区　间	优　势	不　足
专业相机				
航拍无人机				

步骤二： 挑选短视频拍摄的辅助设备。

学一学

短视频拍摄的辅助设备是指为保证短视频拍摄质量和拍摄工作顺利完成而选用的周边设备，如收音设备、稳定设备、灯光设备等。

1. 了解短视频拍摄中的收音设备。

　　短视频是图像和声音的结合，虽然智能手机、专业相机等摄像设备都内置有传声器，但在拍摄过程中容易受到外界环境的声音干扰，所以在拍摄短视频的过程中，往往需要使用收音设备以确保声音的清晰与稳定。一般而言，收音设备分为无线话筒和指向性话筒。

　　访问百度搜索引擎，分别输入关键字"无线话筒"和"指向性话筒"，查询它们的性能特点与适用范围，并在表 3-1-6 中做好记录。

表 3-1-6　不同类别收音设备的性能特点与适用范围

收 音 设 备	性 能 特 点	适 用 范 围
无线话筒		
指向性话筒		

2. 了解短视频拍摄中的稳定设备。

　　短视频的画面稳定性会直接影响观众的观看欲望，因此在短视频拍摄过程中对摄像设备的稳定性要求非常高。但是摄像设备的防抖功能有一定的局限性，手持拍摄时往往需要借助稳定设备来保持拍摄画面的稳定。短视频拍摄中常用的稳定设备包括脚架和稳定器。

　　访问百度搜索引擎，分别输入关键字"脚架"和"稳定器"，查询它们的性能特点与适用范围，并在表 3-1-7 中做好记录。

表 3-1-7　不同类别稳定设备的性能特点与适用范围

稳 定 设 备	性 能 特 点	适 用 范 围
脚架		
稳定器		

3. 了解短视频拍摄中的灯光设备。

　　光线是影响画面质量的关键因素，特别是在室内或者室外光线不足的情况下，画面质量会备受影响。灯光设备的主要作用是在缺乏光线条件的情况下，为短视频拍摄过程提供辅助光线，以确保得到优质的视频画面素材。市面上的灯光设备众多，常见的有柔光箱补光灯、环形补光灯、小型 LED 补光灯、便携式移动环形补光灯等。

　　访问百度搜索引擎，分别输入关键词"柔光箱补光灯""环形补光灯""小型 LED 补光灯""便携式移动环形补光灯"，查询它们的性能特点与适用范围，并在表 3-1-8 中做好记录。

表 3-1-8　不同类别灯光设备的性能特点与适用范围

灯 光 设 备	性 能 特 点	适 用 范 围
柔光箱补光灯		
环形补光灯		
小型 LED 补光灯		
便携式移动环形补光灯		

4. 提交整理的资料，挑选并确定短视频拍摄的辅助设备。

通过对短视频拍摄中辅助设备的调研，在充分了解相关信息后，将不同类别的收音设备、稳定设备、灯光设备的性能特点与适用范围等相关信息记录在文档中进行保存，文档以"班级+学号+姓名"的方式命名后，在线上进行提交。

练一练

请以小组为单位，对比和分析几种辅助设备的性能特点与适用范围，并进行小组讨论，结合短视频拍摄需求确定本小组选择的辅助设备及理由。讨论完毕后在班级内进行分享。

活动三　设置摄像设备的录制参数

活动描述

林凯结合本项目的拍摄需求和调研结果，选定智能手机作为本次书包产品短视频拍摄的摄像设备，并选用柔光箱补光灯、手机稳定器作为拍摄的辅助设备。为了确保拍摄画面的质量、效果以及拍摄过程能够顺利进行，短视频拍摄前需要对摄像设备的相关参数，如内存大小、分辨率、帧率等，进行合理的设置。为此，林凯决定进行深入了解并实施操作。

活动实施

步骤一： 查看并扩展智能手机的存储空间。

短视频拍摄过程中需要拍摄大量的大内存视频素材，为确保拍摄顺利进行，免受设备内存不足的干扰影响，在拍摄前先查看并扩展智能手机存储空间十分必要。

林凯计划使用自己的 iPhone 12 进行短视频拍摄。以 iPhone 12 为例，在手机主页面点击"设置"图标，进入"设置"页面后选择"通用"项，如图 3-1-2 所示。在"通用"页面选择"iPhone 储存空间"项，在"iPhone 储存空间"页面查看智能手机的存储空间是否充足，如图 3-1-3 所示。

如果发现手机存储空间不足，那么可以通过卸载未使用的 App，或启用 iCloud 照片空间，腾出被占用的存储空间。

图 3-1-2　选择"通用"

图 3-1-3　查看存储空间

步骤二：设置智能手机的视频分辨率与帧率。

学一学

短视频画面的清晰流畅度是与拍摄设备设置的分辨率、帧率紧密相关的。

视频分辨率是指一个视频图像在单位尺寸内包含多少个像素点，是决定视频画面清晰度的关键参数。单位尺寸内包含的像素点越多，分辨率越高，视频画面就越清晰；反之，则画面清晰度越低。常见的视频分辨率如表 3-1-9 所示。

表 3-1-9　常见的视频分辨率

分辨率代号	像 素 比 例	备　　注
480P	720×480	标清
720P	1280×720	高清
1080P	1920×1080	蓝光/全高清
4K	4096×2160	超高清

帧率是指相机在一秒钟内拍摄下多少张连续的画面，是决定视频画面流畅度的关键参数。帧率越高，视频画面越流畅；反之，则画面流畅度越低。一般来说，短视频拍摄使用 30fps 帧率可达到画面流畅、舒适的效果，若提升到 60fps 则可以明显提高画面的交互感和逼真感。

值得注意的是，分辨率、帧率越高，视频占用设备的内存则越大，在设置拍摄设备参数时，需同时考虑设备的内存情况。

在"设置"页面中选择"相机"项，在"相机"页面选择"录制视频"项，如图 3-1-4 所示。在"录制视频"页面可以设置拍摄短视频的画幅分辨率与帧率。林凯为保证拍摄画面的质量和效果，设置为"4K，30fps"，如图 3-1-5 所示。

图 3-1-4　选择"录制视频"项

图 3-1-5　设置分辨率与帧率

步骤三：启动智能手机的网格线功能。

拍摄视频过程中启动屏幕的网格线，能够帮助摄影师更好、更方便地进行画面构图。依次点击手机的"设置"→"相机"→"录制视频"按钮，进入"录制视频"页面后点击"网格"功能的启动按钮，如图 3-1-6 所示。视频录制屏幕在网格线功能开启后的效果如图 3-1-7 所示。

图 3-1-6　启动"网格"功能

图 3-1-7　视频录制屏幕的网格线效果

微课学习

请扫码观看微课《剪映 App 拍摄短视频前参数设置的方法》，记录下它的设置步骤，同时尝试使用剪映 App 进行短视频拍摄前的相关参数设置操作。

任务二　短视频拍摄技巧

【任务导入】

　　组建完短视频制作团队、选定好拍摄设备后，林凯将正式进入短视频的拍摄环节。工作室的李经理告诉林凯，短视频的本质是借助镜头来表达短视频创作者的情感和想法，所以掌握专业的拍摄技巧，如在拍摄短视频时灵活地应用构图技巧、景别设置、运镜技巧等，可以保证短视频的画面效果，为观众提供良好的视觉体验。林凯深受启发，于是赶紧通过网络资料和视频教程着手了解和学习相关知识。

活动一　认识短视频拍摄的构图技巧

活动描述

　　优秀的构图是拍好短视频的基础，构图能够对画面中的内容有所取舍，突出主体。为了选用适合书包产品短视频拍摄的构图技巧，林凯计划借助抖音短视频平台的热门短视频，去探究短视频的构图技巧，同时分析书包产品热门短视频所选用的构图技巧，最后为本项目的书包产品短视频拍摄敲定构图技巧。

活动实施

　　步骤一：了解短视频构图的三大要素。

学一学

　　短视频中的构图是指正确地构建短视频画面中的各种要素，从而达到突出拍摄主体的目的。一个内容完整的镜头画面主要由三大要素构成：主体、陪体、环境。

　　主体是短视频画面的主要拍摄对象，是画面构图的表现中心。主体可以是人或物，可以是个体或群体，可以是静止的也可以是运动的。构图的首要任务是明确短视频画面的主体并加以突出。

　　陪体是短视频画面的次要拍摄对象，与画面主体具有相关的情节联系。陪体不是必须存在的，可根据画面实际情况确定是否加入陪体要素。

　　环境是短视频画面中主体后面的人物、景物和空间，是画面的重要组成要素。

　　如图 3-2-1 所示，该短视频画面中少女是主体，马匹是陪体，环境则是少女身后的草原与稀疏的马群。

图 3-2-1 某短视频截取画面

请登录抖音短视频平台，观看不少于 3 个热门短视频作品，分别找出短视频画面中的主体、陪体、环境要素，探究这三大要素在该短视频画面中所起到的作用。选取一张具有代表性的短视频画面进行截图，分析其主体、陪体、环境三要素的作用效果，并在表 3-2-1 中做好记录。

表 3-2-1 短视频构图三大要素的作用分析表

短视频代表性画面截图		
构 图 要 素	**内 容**	**作 用 效 果**
主体		
陪体		
环境		

步骤二：学习短视频拍摄的常用构图技巧。

学一学

不同的构图技巧带来不一样的画面视觉效果。短视频拍摄者依据画面需求挑选合适的构图技巧，将有效地提高短视频画面的质量。一般来说，按画面需求划分的构图技巧主要包含 3 种类型：①突出拍摄主体的构图技巧；②拓展视觉空间的构图技巧；③提升视觉冲击力的构图技巧，如表 3-2-2 所示。

表 3-2-2 短视频拍摄的常用构图技巧

构图技巧类型	构 图 技 巧	概念与特点	示 例
突出拍摄主体的构图技巧	中心构图	通过将主体放置在视频画面的中心进行拍摄的一种构图技巧，能较好地突出主体，让观众一眼就看到画面的重点，快速抓取视频主题信息	见图 3-2-2
	九宫格构图	是将整个画面在横、竖方向各用两条直线（也称黄金分割线）均匀分成九部分，把拍摄主体放在任意两条直线的交会点（也称黄金分割点）处的构图技巧，能够凸显拍摄主体的美感，也能让画面富有层次感	见图 3-2-3

续表

构图技巧类型	构 图 技 巧	概念与特点	示　　例
突出拍摄主体的构图技巧	三分线构图	将画面从横向或竖向均匀划分为三个部分，把拍摄主体放在三分线的某一部分中进行取景的构图技巧，能让拍摄主体更加突出、画面紧凑有力	见图 3-2-4
	前景构图	利用除拍摄主体外的物体作为前景进行拍摄的一种构图技巧，能增加画面层次感，又能很好地展示拍摄主体	见图 3-2-5
拓展视觉空间的构图技巧	对称构图	在画面中确定一条（横向或竖向）对称轴，让画面内容沿着对称轴对等分布，这种构图技巧能让拍摄画面具有布局平衡、结构规整的特点，能给人安逸稳定的感觉	见图 3-2-6
	引导线构图	在拍摄场景中构建引导线（可以是道路、河流、桥梁等），把画面主体与背景要素串联起来的构图技巧，能吸引观众跟随着引导线的走向移动视觉焦点，使画面具有延伸感	见图 3-2-7
提升视觉冲击力的构图技巧	框架构图	在拍摄取景时融入框架元素（如窗户、门框、镜子、山洞等），把拍摄主体放置在框架之内的构图技巧，让画面充满神秘感和视觉冲击力	见图 3-2-8
	低角度构图	在确定拍摄主体后，寻找一个低于主体要素的角度进行拍摄的构图技巧，可以使画面更为独特有趣，让观众看到不一样角度的画面，能带来较强的视觉冲击力	见图 3-2-9

图 3-2-2　中心构图

图 3-2-3　九宫格构图

图 3-2-4　三分线构图

图 3-2-5　前景构图

图 3-2-6　对称构图

图 3-2-7　引导线构图

图 3-2-8　框架构图

图 3-2-9　低角度构图

请登录抖音短视频平台，搜索并观看不同类别（如美食类、剧情类、旅拍类、家居类、母婴类、时尚类等）的短视频内容，观察和探究不同类别的短视频所使用的构图技巧，并在表 3-2-3 中做好记录。

表 3-2-3　不同类别短视频的常用构图技巧

短视频类型	短视频标题	使用的构图技巧
美食类		
剧情类		
旅拍类		
家居类		
母婴类		
时尚类		

步骤三：分析书包产品热门短视频的构图技巧。

请登录抖音短视频平台，在搜索栏中输入关键字"书包"进行搜索。进入搜索结果页面后，选择"视频"类型，并利用"筛选"功能选择以"最多点赞"为排序依据，筛选出书包产品的热门短视频，如图 3-2-10 所示。观看书包产品的前五条热门短视频，并记录它们运用的构图技巧。

步骤四：整理和提交调研信息。

通过探究分析，充分了解构图技巧的相关知识后，将短视频构图的三大要素作用分析、不同类别短视频的常用构图技巧、书包产品前五名热门短视频的构图技巧分析等相关信息在文档中进行保存，文件以"班级+学号+姓名"的方式命名后，在线上进行提交。

练一练

请根据本活动所学到的短视频拍摄构图技巧知识，尝试为书包产品拍摄几段采用不同构图技巧的短视频素材。拍摄完毕后，压缩打包素材文件，文件以"班级+学号+姓名"的方式命名后，在线上进行提交。

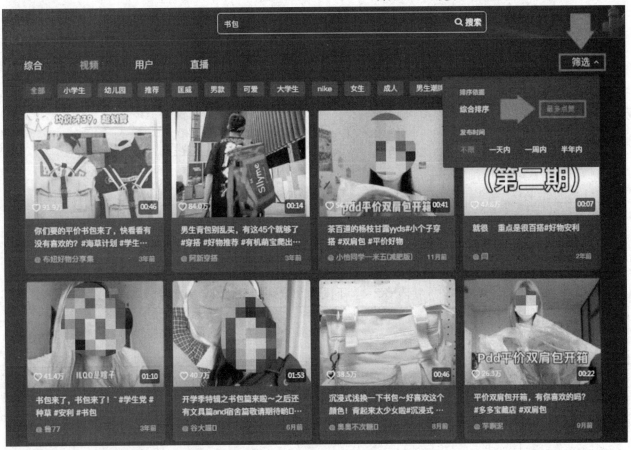

图 3-2-10 书包产品的搜索结果页面

活动二 认识短视频拍摄中的景别设置

 **活动描述**

景别是短视频视觉语言的一种基本表达形式。在认识了短视频拍摄的构图技巧后，林凯为了让书包产品的短视频画面更清晰地表达视频的主题和思路，他决定对景别设置进行深入的了解。

 **活动实施**

步骤一：了解短视频拍摄的景别设置。

> ### 学一学
>
> 景别属于镜头语言的一种。镜头语言是指用镜头拍摄出来的画面像语言一样去表达意思，观众可以通过拍摄主体和视频画面之间的变化去感受拍摄者所表达的内容。景别则是因摄像设备与拍摄主体的距离不同而造成拍摄主体在视频画面中所呈现出的范围大小的区别。在摄像过程中采用不同的景别有助于营造画面的空间感，增强短视频的感染力。
>
> 在短视频拍摄中常用的景别类别如图 3-2-11 所示。

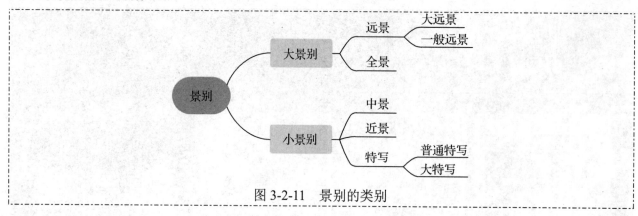

图 3-2-11　景别的类别

访问百度搜索引擎，分别检索不同的景别类别名称（如大远景、一般远景等），查询和了解不同类别景别的概念，并在表 3-2-4 中做好记录。

表 3-2-4　不同类别景别的概念

景 别 类 别	概　　念
大远景	
一般远景	
全景	
中景	
近景	
普通特写	
大特写	

步骤二：探究不同类别景别的作用及应用效果。

学一学

不同类别的景别呈现出来的镜头画面效果不同，所起到的作用也不同，因此在短视频拍摄时需要根据短视频内容类别恰当地选择景别。

1. 适用远景的短视频类别

（1）剧情类：远景画面配上文案与背景音乐，可以营造剧情氛围，感染用户；

（2）旅行类：在远景画面中呈现壮阔的风景，给用户带来强烈视觉冲击力。

2. 适用全景的短视频类别

（1）舞蹈/运动类：全景画面非常适合表现人物的全身动作；

（2）旅行类：用于呈现拍摄主体与某个景点的合照；

（3）剧情类：全景画面用于交代剧情环境、时间等场景信息。

3. 适用中景的短视频类别

（1）剧情类：中景画面能清晰地展示剧情人物的情绪、身份或动作等；

（2）其他类：只需要表现人物的形体动作，一般采用中景拍摄。

4．适用近景的短视频类别

几乎所有的短视频类型都适合采用近景拍摄，特别是涉及人物、动物、物品的短视频及 Vlog 短视频。

5．适用特写的短视频类别

一般适用于剧情类或带有情绪表达的短视频，特别是在美食类、美妆类和"种草"类短视频中更为常见。

请登录抖音短视频平台，搜索观看不同类别的短视频，找到不同景别在短视频画面中的实际应用，把典型案例的画面进行截图并分析该景别在短视频画面中起到的作用和效果，在表 3-2-5 中做好记录。

表 3-2-5　不同类别景别的作用与作用分析表

景 别 类 别	典型案例截图	作用和效果
大远景		
一般远景		
全景		
中景		
近景		
普通特写		
大特写		

拍摄短视频时往往很难用一个单独的景别来表达连贯性的内容，所以拍摄时最好使用多种景别，这样才能进行完整的表达，展示出更具有表现力的短视频内容。

练一练

根据前期的脚本内容及本活动所学习到的景别知识，你们小组将在本次书包产品短视频拍摄中应用哪些类别的景别呢？请进行小组讨论，确定书包产品短视频拍摄运用的景别后，添加到脚本内容文档中进行保存。文件以"班级+学号+姓名"的方式命名后，在线上进行提交。

活动三　认识短视频拍摄的运镜技巧

活动描述

一部完整的短视频作品都是由多个镜头组合设计而成的，灵活地应用各种镜头可以制作出画面效果丰富多变的短视频，从而牢牢抓住观众的眼球。拍摄书包产品短视频的摄像设备已确定为智能相机，现在林凯决定深入了解手机运镜技巧的操作注意事项，并通过探究热门短视频学习如何灵活地运用运镜技巧组合，为拍摄出表现力丰富的书包产品短视频做好准备。

活动实施

步骤一：了解拍摄的运镜技巧。

学一学

运镜的全称是运动镜头，是指在一个镜头中通过移动摄像机的位置，或改变镜头焦距，或变化镜头光轴进行拍摄。在短视频拍摄中常用的运镜技巧如表3-2-6所示。

表3-2-6 短视频拍摄中常用的运镜技巧

运镜技巧	操作概述	效果	作用
推镜头	在拍摄主体不动的情况下，摄像设备均匀接近并向主体推进靠近	画面中的拍摄主体逐渐放大，周边环境逐渐缩小	突出拍摄主体或重点情节，同时能够渲染情绪、烘托氛围
拉镜头	在拍摄主体不动的情况下，摄像设备均匀远离并向后拉远	形成视觉后移效果，取景范围由小变大，视野范围逐渐扩大	常用于衔接两个镜头（转场），放在短视频结尾处，作为结束性镜头
摇镜头	在摄像设备固定不动的情况下，以摄像设备为中轴固定点，均匀地上下左右旋转拍摄	类似人转动头部环顾四周或将视线移动到另一点的视觉效果	用于呈现拍摄主体的周围环境，提升视觉张力，使空间和视野更开阔，常用于拍摄建筑大场景
移镜头	把摄像设备固定在移动的物体（如滑轨或稳定器）上，随之运动而进行拍摄	无论画面中的物体处于运动状态还是静止状态，画面框架始终处于运动中	不断移动变化的背景，使视频画面表现出一种流动感，让观众有身临其境的感觉
跟镜头	摄像设备始终跟随着拍摄主体一起移动进行拍摄，且要保证主体在画面中的位置保持不变	形成连贯流畅的视觉效果，跟随主体所走过的场景，画面随之有所变化	突出拍摄主体，交代其运动方向、速度、体态，以及与环境之间的关系
甩镜头	镜头通过上下或左右快速地移动或旋转，极快地转移到另一个景物上	画面在切换过程中，镜头所拍摄下来的内容突然变得模糊不清	用于表现视频内容突然过渡，也可以表现事物、时空的急剧变化，营造紧迫感
升降镜头	摄像设备借助升降装置，在升降过程中进行拍摄	随升降镜头变化，画面视域呈现扩展和收缩效果	常用于展示事件或场面的规模、气势和氛围

访问百度搜索引擎、抖音平台或小红书平台等，搜索"手机运镜技巧的操作注意事项"，筛选出相关的视频推送。学习手机运镜技巧的操作注意事项，进行总结和归纳，并在表3-2-7中做好记录。

表3-2-7 手机运镜技巧的操作注意事项

手机运镜技巧	操作注意事项
推镜头	
拉镜头	
摇镜头	

续表

手机运镜技巧	操作注意事项
移镜头	
跟镜头	
甩镜头	
升降镜头	

练一练

　　请结合本次拍摄的书包产品，在校园内选取任意景点，分别使用推、拉、摇、移、跟、甩、升降镜头的运镜技巧，用智能手机拍摄几段短视频素材，拍摄完毕后打包压缩素材文件，文件以"班级+学号+姓名"的方式命名后，在线上进行提交。

　　步骤二： 探究和分析热门短视频的运镜技巧组合。

　　在拍摄短视频时灵活地应用多种运镜技巧，可以丰富短视频的画面效果，提高观众的兴趣。登录抖音短视频平台，搜索并查看"书包产品"的短视频，从中找出一个应用了多种运镜技巧的书包产品短视频，探究该短视频是如何综合地应用运镜技巧的。逐一分析该短视频运镜技巧的使用数量、使用了哪些运镜技巧，以及这些运镜技巧分别应用在短视频的哪个场景或时间节点，最后在表3-2-8中做好记录。

表 3-2-8　热门短视频运镜技巧组合调研表

短视频链接	
使用运镜技巧的数量	
运镜技巧使用情况	
运镜技巧	应用的场景或时间节点

练一练

　　根据前期的脚本内容及本活动所学习到的运镜技巧知识，你们小组将在本次书包产品短视频拍摄中应用哪些运镜技巧呢？请进行小组讨论，确定书包产品短视频拍摄的运镜技巧后，添加到脚本内容文档中进行保存。文件以"班级+学号+姓名"的方式命名后，在线上进行提交。

 **【项目评价】**

　　填写"项目完成情况效果评测表"，完成自评、互评和师评。

项目完成情况效果评测表

组别：　　　　　　　　　　　　　　　　　　　　　　　　　　　　　　　学生姓名：

项目名称	序　号		评测依据	满分分值	评价分数		
					自评	互评	师评
职业素养考核项目（40%）	1		具有责任意识，任务按时完成	10			
	2		全勤出席且无迟到早退现象	6			
	3		语言表达能力	6			
	4		积极参与课堂教学，具有创新意识和独立思考能力	6			
	5		团队合作中能有效地合作交流、协调工作	6			
	6		具备科学严谨、实事求是、耐心细致的工作态度	6			
专业能力考核项目（60%）	7	短视频拍摄准备	了解短视频拍摄团队的岗位工作职责、职业能力与职业道德素养，熟悉不同类别短视频拍摄设备的性能、特点、用途以及相关参数的设置，并能依据拍摄需求选择合适的拍摄团队人员配置与拍摄设备，准确地设置摄像设备的内存、分辨率、帧率等参数	30			
	8	短视频拍摄技巧	熟悉短视频拍摄的构图技巧、运镜技巧的应用以及景别的设置，并能够灵活地应用不同类别的构图技巧、景别与运镜技巧	30			
评价总分							
项目总评得分	自评（20%）+互评（20%）+师评（60%）=				得分		
本次项目总结及反思							

⊘ **【项目检测】**

一、单选题

1. 一般来说，720P 分辨率的画质称为（　　　）。

　A．标清　　　　　　　B．高清　　　　　　　C．蓝光　　　　　　　D．超高清

2. 短视频制作团队中负责统筹指挥拍摄现场，把关短视频拍摄的每一个环节的岗位是（　　　）。

　A．运营　　　　　　　B．摄影师　　　　　　C．导演　　　　　　　D．场务

3. 以下哪个选项属于推镜头的作用？（　　　）

　A．结束性镜头　　　　　　　　　　　　B．突出拍摄主体或重点情节

　C．呈现周围环境　　　　　　　　　　　D．衔接两个镜头

4．美食类或美妆类短视频中最常见的景别是（　　　）。

A．一般远景　　　　　B．全景　　　　　C．特写　　　　　D．大远景

5．在拍摄场景中构建道路、河流或桥梁元素，把画面主体与背景要素串联起来的构图技巧是（　　　）。

A．引导线构图　　　B．对称构图　　　C．前景构图　　　D．低角度构图

6．一般来说，短视频拍摄使用帧率（　　　）则可达到画面流畅舒适的效果。

A．24fps　　　　　B．30fps　　　　　C．45fps　　　　　D．60fps

7．以下哪个选项不属于短视频拍摄的辅助设备？（　　　）

A．智能手机　　　B．无线话筒　　　C．三脚架　　　D．环形补光灯

8．根据景别的远近排列，下列从远到近的是（　　　）。

A．远景-全景-近景　　　　　　　B．全景-远景-近景

C．远景-近景-中景　　　　　　　D．远景-中景-全景

二、多选题

1．短视频画面构图是由哪些基本要素构成的？（　　　）

A．主体　　　　　B．陪体　　　　　C．环境　　　　　D．演员

2．以下哪些设备属于短视频拍摄的摄像设备？（　　　）

A．航拍无人机　　　B．稳定器　　　C．智能手机　　　D．单反相机

3．以下哪些景别属于小景别？（　　　）

A．全景　　　　　B．中景　　　　　C．近景　　　　　D．特写

4．一般来说，适合全景的短视频类别有哪些？（　　　）

A．舞蹈类　　　　　B．运动类　　　　　C．旅行类　　　　　D．剧情类

三、简答题

1．请分别阐述智能手机、单反相机、航拍无人机作为短视频摄像设备的优势与不足。

2．请分析不同运镜技巧的操作注意事项。

四、实训任务

任务导入：

"寻味某某"是一个本土美食类短视频账号。视频所展现的主要是创作者去不同的地方品尝、测评美食的过程。近期该账号策划制作一组"打卡校园周边美味小店"的短视频，现在需要做好短视频的拍摄准备并进行正式拍摄。

1．实训目的

通过本次企业任务，学生能够进行短视频制作团队的组建、拍摄设备的准备、摄像设备的拍摄前相关参数的设置，可以灵活运用不同的构图技巧、景别组合、运镜技巧组合完成短视频的拍摄。

2．实训任务条件

在前置学习任务中，各小组已经完成了"打卡校园周边美味小店"短视频的脚本文案撰写。

3．实训目标

（1）组建一支短视频制作团队。

（2）挑选好拍摄短视频的摄像设备与辅助设备。

（3）做好摄像设备的拍摄前相关参数设置。

（4）能够灵活运用构图技巧、景别组合、运镜技巧组合完成短视频拍摄。

4．任务分工

小组进行讨论，确定本次任务分工，并做好记录。

5．实训步骤

步骤一：组建短视频制作团队。

小组讨论确定短视频制作团队配置及岗位人员分工与职责。

步骤二：挑选摄像设备与辅助设备。

依据本次短视频拍摄预算与内容类别需要，挑选合适的摄像设备与辅助设备。

步骤三：设置摄像设备的拍摄前相关参数。

小组设置好摄像设备的内存、分辨率、帧率等参数，为短视频的正式拍摄做好准备。

步骤四：拍摄短视频。

确定短视频拍摄应用的构图技巧组合、景别组合、运镜技巧组合并说明理由，同时做好记录，完成短视频的拍摄。

项目四
短视频的剪辑处理

【项目导入】

"好看"背后的秘密

李某是红遍网络的短视频达人,全网粉丝过亿。2021年1月,吉尼斯世界纪录官方微博发文宣布,短视频博主李某以1410万的YouTube订阅量刷新了由其创下的"YouTube中文频道最多订阅量"的吉尼斯世界纪录。她把中国文化推向世界,中国文化再次被更多外国人看见、惊叹,也让世界各地的人都能感受到中国人骨子里的那份淳朴和美好。

春夏秋冬四季更替,李某用视频向观众展示了属于她的三餐四季,为观众勾勒出了遥远农村的田园梦想,也展示了她致力于传承和传播传统文化的初心。很多人都觉得她的视频好看,但好看的背后是什么呢?

李某最初做短视频的目的是为了给淘宝店铺引流,可是初期低质的画面和拙劣的剪辑手法并没有带来预期的回报。后来为了提高短视频的质量,她不仅花大价钱买了一部相机,而且专门去请教了短视频领域的前辈,跟他们学习拍摄和剪辑技巧。很多网友评价她的视频不仅好看而且很顺畅,这背后其实靠的是专业的剪辑逻辑。再好看的镜头如果是没有章法的组接,那么也体现不出它的价值。而专业来源于她不断地学习和实践。在她2016年的手机备忘录中记录着各种自学拍摄剪辑的笔记,从相机各个功能键的作用,到剪辑软件的各个操作步骤,内容细致得令人诧异。慢慢地,她的视频创作从量变到质变,画质、构图、剪辑和配乐等不断完善,塑造出了鲜明的个人创作风格,引得众多视频创作者争相模仿。

李某的"好看"视频的背后是无数个日夜的刻苦钻研和探索。她用自己的成功告诉人们,只有通过努力和奋斗,才能收获精彩与掌声!

思考：1. 本案例中该短视频博主制作的视频好看且顺畅的秘诀是什么？

2. 该短视频博主获得全网关注，并成功走出国门给你带来了什么启示？

 【项目目标】

知识目标：

1. 了解短视频剪辑的含义、短视频的剪辑步骤，认识主流短视频剪辑软件。

2. 认识短视频素材添加与剪辑的基本方法。

3. 熟悉短视频转场和特效应用技巧。

4. 熟悉短视频音频的处理和字幕的添加方法。

技能目标：

1. 能够依据短视频脚本的要求对素材进行整理和初步剪辑。

2. 能够依据不同的需求，为短视频设置转场和特效。

3. 能够依据不同的需求，对短视频添加音频和字幕。

素养目标：

1. 引导学生在新媒体环境下培养正确的价值观，弘扬时代主旋律。

2. 培养精益求精的工匠精神、创新思维和团队合作精神。

3. 增强学生的版权意识、法制意识。

 【项目导图】

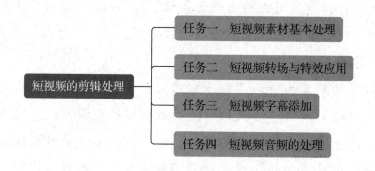

任务一　短视频素材基本处理

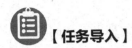

【任务导入】

学校的美景视觉创意工作室为广州捷维皮具有限公司策划的书包产品短视频拍摄已经完成，进入到后期剪辑阶段。林凯尝试剪辑了几个版本之后都不满意。他决定向工作室的李经理请教。李经理告诉林凯，要想剪辑出理想的短视频作品，首先要熟悉剪辑流程、知晓主流的剪辑软件，学会对相关素材进行整理和基本剪辑，其次要会对视频画面进行调整。为此，林凯开始着手了解相关知识。

活动一　了解短视频剪辑基本知识

活动描述

剪辑是短视频制作中必不可少的重要环节，创作者的剪辑能力对视频最终的呈现效果起着至关重要的作用。为了剪辑出一个优秀的短视频作品，林凯认为首先要了解剪辑的含义和步骤，其次要熟悉主流的剪辑软件。为此，林凯计划通过网络及书本等学习剪辑的基本知识和了解主流的视频剪辑软件。

活动实施

步骤一： 了解剪辑的含义及短视频的剪辑步骤。

学一学

顾名思义，剪辑就是裁剪、编辑。短视频剪辑是指将所拍摄的大量素材，经过选择、取舍、分解与组接，最终完成一个连贯流畅、含义明确、主题鲜明并有艺术感染力的作品的过程。短视频剪辑要服务于短视频内容，通过不同的剪辑方法来完善内容情节，达成策划目标并实现高质量输出。

利用百度搜索引擎，输入关键字"短视频的剪辑步骤"，在弹出的相关页面中点击"视频"项，可以看到相关视频推送，进行总结和归纳，填写表 4-1-1。

表 4-1-1　短视频的剪辑步骤

短视频的剪辑步骤	

步骤二：认识主流的短视频剪辑软件。

1. 了解 Adobe Premiere Pro 软件

学一学

　　Adobe Premiere Pro 是由 Adobe 公司开发的一款强大且专业的视频剪辑软件，借助该软件可以实现素材导入、剪辑、调色、特效美化及字幕创建等专业功能。Adobe Premiere Pro 有较好的兼容性，可以与 Adobe 公司推出的 Photoshop 等其他软件相互协作。

　　（1）下载安装后登录 Adobe Premiere Pro 软件，如图 4-1-1 所示，全面了解 Adobe Premiere Pro 软件的页面布局及功能等。

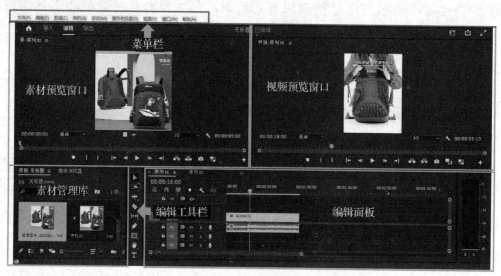

图 4-1-1　Adobe Premiere Pro 软件主页面

　　（2）利用百度搜索相关信息，了解 Adobe Premiere Pro 软件的主要优、缺点及适用端，填写表 4-1-2，并在班级内进行分享。

表 4-1-2　Adobe Premiere Pro 软件的优、缺点及适用端

软 件 名 称	优　　点	缺　　点	适用端（电脑端/Pad 端/手机端）
Adobe Premiere Pro			

2. 了解剪映软件[①]

学一学

　　剪映是抖音官方推出的一款短视频剪辑软件，剪辑功能全面，曲库资源丰富，转场效果多，教程详细，支持手机、Pad、Mac、Windows 电脑全终端使用。剪映分为剪映专业版（电脑版）和剪映手机版，剪映专业版主要提供给相对专业的用户使用，以满足其对剪辑视频更高的要求；而剪映手机版则主要提供给普通用户使用，降低普通用户使用的难度。

　　（1）下载安装并登录剪映专业版，如图 4-1-2 所示，全面了解剪映专业版的页面布局及功能等。

_____

① 本书所用版本为：剪映专业版（版本号 3.9.0）。

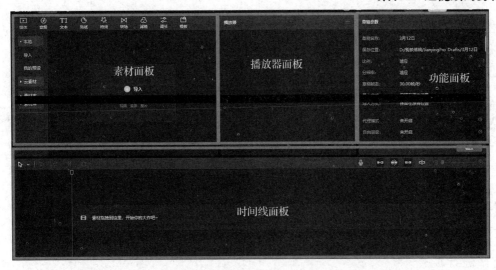

图 4-1-2 剪映专业版主页面

（2）利用百度搜索相关信息，了解剪映软件的主要优、缺点及适用端，填写表 4-1-3，并在班级内进行分享。

表 4-1-3 剪映软件的优、缺点及适用端

软 件 名 称	优 点	缺 点	适用端（电脑端/Pad 端/手机端）
剪 映			

3. 了解爱剪辑软件

学一学

爱剪辑是国内首款全能视频剪辑软件，也是国内第一款免费使用的剪辑软件，对于初学者来说操作简单易用。它的设计符合国人的使用习惯和功能需求，拥有许多专业特效和创新功能，并支持多种格式，兼容性良好。

（1）下载安装后登录爱剪辑软件，如图 4-1-3 所示，全面了解爱剪辑软件的页面布局及功能等。

图 4-1-3 爱剪辑软件主页面

（2）利用百度搜索相关信息，了解爱剪辑软件的主要优、缺点及适用端，填写表4-1-4，并在班级内进行分享。

表4-1-4　爱剪辑软件的优、缺点及适用端

软 件 名 称	优　　点	缺　　点	适用端（电脑端/Pad端/手机端）
爱剪辑			

练一练

请利用网络了解快剪辑和万兴喵影这两款视频剪辑软件的页面布局及功能、优点、缺点及适用端。把整理结果记录在文档中进行保存，文件以"班级+学号+姓名"的方式命名后，在线上进行提交。

活动二　添加与剪辑视频素材

 **活动描述**

林凯对剪辑的概念、流程及主流剪辑软件有了基本认知后，准备开始使用剪映专业版对本次企业任务进行剪辑实践。剪映软件作为抖音官方推出的一款免费视频剪辑软件，具有功能强大、简单易用的特点。

 **活动实施**

步骤一： 搜集、整理、筛选素材。

视频素材一般可以通过自拍、付费代拍、素材网站下载三种方式获得。本次企业任务是为书包产品拍摄短视频，林凯主要采用了自拍的方式来获取素材。

林凯在搜集完本次拍摄的素材后对这些素材进行了整理和筛选，分类建立了项目素材文件夹，如图4-1-4所示。

1-文案　　2-源文件　　3-照片　　4-音乐　　5-视频　　6-特效　　7-成片

图4-1-4　项目素材文件夹

步骤二： 添加素材。

1. 打开剪映专业版，点击"媒体"按钮，再点击"本地"菜单，然后点击右侧的"+导入"打开本地素材文件夹，选中素材后点击"打开"按钮即可将素材导入到素材面板，如图4-1-5所示。

2. 点击选中需要的素材，长按鼠标拖拽到下方时间线面板的轨道上，或点击素材右下角"+"添加素材，在播放器面板上即可进行预览，如图4-1-6所示。

图 4-1-5　导入本地素材

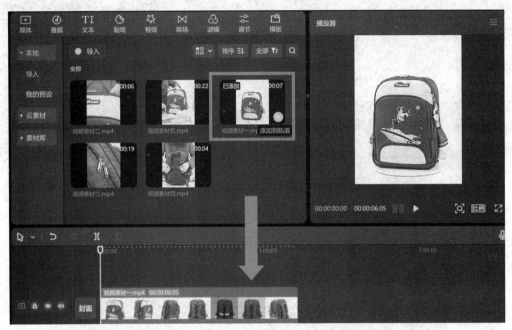

图 4-1-6　添加素材至时间线面板

步骤三： 剪辑基础素材。

1. 拆分素材。将时间线放至需要拆分区域的起始位置，点击时间线面板上方的分割按钮，如图 4-1-7 所示，即可进行分割操作。在需要拆分区域的末端，进行同样的操作。然后点击鼠标右键选中被拆分出来的区域，进行删除或者复制等后续处理。

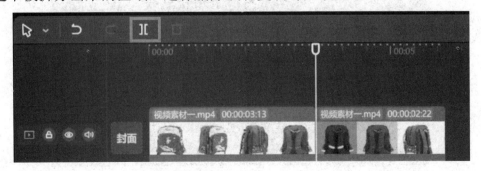

图 4-1-7　拆分素材

2．调整素材顺序。在时间线面板上，长按鼠标选中其中一段素材，将其拖动到另一段素材的前方或后方即可。

3．复制素材。在时间线面板上选中素材，点击右键选择"复制"项，或使用快捷键 Ctrl+C进行复制，然后使用快捷键 Ctrl+V 进行粘贴，将素材复制到另一个轨道上，然后拖动复制的素材到主轨道区域，如图 4-1-8 所示，即可完成视频素材的复制添加。

4．删除素材。如需删除某段素材，可以在轨道区域选中它后点击右键，或点击面板左上方的"删除"按钮，或者使用快捷键 Del 进行删除，如图 4-1-9 所示。

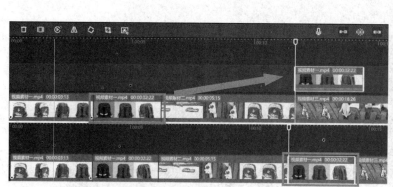

图 4-1-8　复制素材

图 4-1-9　删除素材

5．调整素材时长与速度。在时间线面板视频轨道区域，用鼠标右键点击选中要编辑的素材后，在右方功能面板上选择"变速"→"常规变速"或"曲线变速"项，左右拖拽滑块即可调整素材时长与速度，如图 4-1-10 所示。

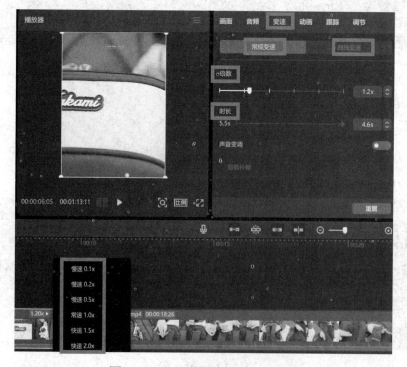

图 4-1-10　调整素材时长与速度

步骤四：导出视频。

点击剪映专业版右上角"导出"按钮，即会弹出导出设置对话框。除了进行短视频文件名和导出位置设定，还可进行分辨率、视频格式、帧率等设置。

1．设置视频分辨率。

学一学

视频分辨率是指视频图像在一个单位尺寸内的精密度。比如一个视频的分辨率是1280×720，1280 指的是视频水平方向有 1280 个像素，720 指的是视频垂直方向有 720 个像素。描述视频分辨率的名词有 4K、2K、1080P、720P 等。4K 指的是视频水平方向达到或接近 4096 像素，4K 级别以上的分辨率通常被称为超高清分辨率；2K 指的是视频水平方向达到 2000 以上像素；1080P 指的是视频水平方向达到 1920 个像素，通常被称为全高清；720P 指的是视频水平方向达到 1280 像素，这种视频通常被称为高清。设置的参数数值不同，视频的大小和清晰度也不同。目前，各平台发布的短视频以 720P 和 1080P 的分辨率为主。

点击剪映专业版右上角"导出"按钮，在对话框中进行分辨率设置，选择"1080P"作为本次导出书包产品短视频的分辨率，如图 4-1-11 所示。

2．设置视频格式。

学一学

视频格式的实质是视频编码方式，由于视频编码的主要任务是缩小视频文件的存储空间，因此，视频编码又称为视频压缩编码或视频压缩，简单地说就是去除视频数据中的冗余信息。剪映中提供 mp4 和 mov 两种文件格式，都能够查看高质量的视频。

在"导出"对话框中进行格式设置，选择"mp4"作为本次导出书包产品短视频的格式，如图 4-1-11 所示。

3．设置视频帧率。

学一学

帧率（Frame rate）是以帧为单位的位图图像连续出现在显示器上的频率（速率），可以理解为在一秒钟时间里播放照片的数量。由多张照片连起来就形成动画片段，加上音频就成了视频片段。剪映中提供从 24fps～60fps 的帧率选项，帧率越高，视频画面越流畅。

在"导出"对话框中进行帧率设置，选择"30fps"作为本次导出书包产品短视频的帧率，如图 4-1-11 所示。

练一练

请对小组所拍摄的书包产品短视频素材完成整理、筛选、添加和基础剪辑工作。完成后导出文件，以"班级+学号+姓名"的方式命名后，在线上进行提交。

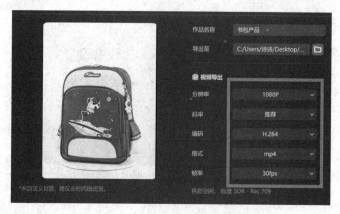

图 4-1-11　导出页面设置

活动三　调整视频画面

活动描述

林凯在对书包产品素材完成剪辑后，发现拍摄的画面中存在一些问题，有些镜头是横屏，有些是竖屏；同时，有的视频画面边缘处有一些杂景需要去除，这时候就需要进一步进行视频画面调整了。

活动实施

步骤一：调整画幅比例。

学一学

画幅比例是用来描述画面宽度与高度关系的一组对比数值。合适的画幅比例可以改善构图，精确传递信息，为观众带来更好的视觉体验。在剪映中，如果没有特殊的视频制作要求，那么一般选择 9:16 以适应竖版视频上传需求，而选择 16:9 以适应横版视频上传需求。

在播放器面板的右下方，点击"比例"按钮，选择合适的比例即可，如图 4-1-12 所示。

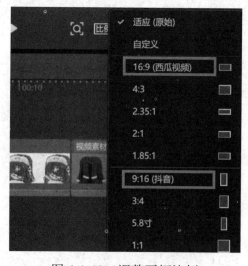

图 4-1-12　调整画幅比例

微课学习

　　现在许多主流平台比较流行竖屏视频（9∶16），但在日常拍摄中又习惯横向取景。如何避免横拍素材在竖屏画幅上产生黑边呢？请扫码观看微课《横屏视频变竖屏》，记录下操作步骤，并进行操作。

　　步骤二： 调整画面主体大小。

　　选择需要调整的素材，在操作面板上点击"画面"项，进入"基础"页面，拖拽"缩放"滑块，即可完成主体画面大小的调整。同时，可以在播放器窗口长按鼠标拖拽视频画面，进行主体位置调整，如图 4-1-13 所示。

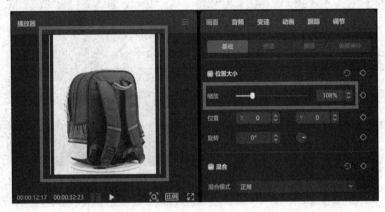

图 4-1-13　调整画面主体大小

　　步骤三： 裁剪画面。

　　如果画面中元素太多造成主体不明显，那么可以通过裁剪功能，裁掉多余的对象，突出画面主体。选择素材片段，在时间线面板上点击"裁剪"按钮，裁剪结束后点击右下方"确定"按钮，如图 4-1-14 所示。

图 4-1-14　裁剪画面

步骤四：制作画中画。

将所需的素材拖拽到主轨道的上方轨道，软件即会自动添加一个视频轨道，实现画中画功能。在播放器的预览窗口，可以通过拖拽画中画片段进行位置调整，并通过拖拽四个边角进行画中画的大小调整，如图 4-1-15 所示。

图 4-1-15　制作画中画

步骤五：调整画面镜像。

选择素材，在时间线面板上点击"镜像"按钮，就可以实现素材画面翻转，如图 4-1-16 所示。

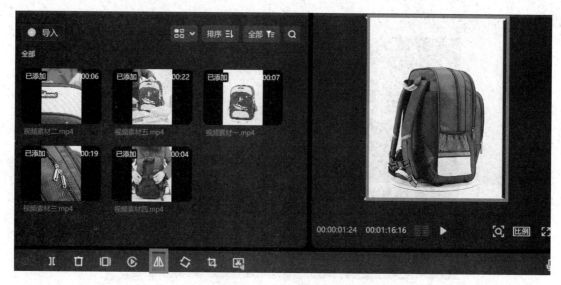

图 4-1-16　调整画面镜像

练一练

请对所拍摄的书包产品短视频素材进行基础剪辑后，再进行视频画面的调整，包括统一画幅比例、调整画面大小、裁剪多余画面、制作画中画等。制作完成后导出文件，以"班级+学号+姓名"的方式命名后，在线上进行提交。

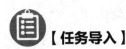

任务二　短视频转场与特效应用

【任务导入】

林凯完成本次书包产品短视频素材的基本剪辑处理后，计划为视频素材添加转场和特效。他再次向李经理请教，李经理告诉他添加转场和特效可以让视频更加流畅、灵动和富有感染力。那么如何才能准确地运用转场和特效来丰富短视频呢？接下来跟着林凯一起来学习吧。

活动一　短视频转场的应用

活动描述

为了让本次书包产品短视频的视觉效果更加流畅和丰富，林凯决定先从转场开始学习，了解短视频转场的含义和类别，以及不同转场方式的特点。他决定借助互联网进行学习。

活动实施

步骤一：了解短视频转场的含义和类别。

学一学

短视频转场是指对接续的两个画面进行处理以实现场景的转换。通过这种剪辑技法可以增加视频的感染力，用转场来改变视角，推进故事；还可以避免镜头间的跳动，让观众产生不适的感觉。

访问百度搜索引擎，输入关键字"转场的两大类别"，进行浏览和学习，并进行归纳和总结，填写表4-2-1。

表4-2-1　转场的两大类别

转场的两大类别	含　义
1.	
2.	

步骤二：熟悉并使用技巧转场。

学一学

技巧转场是通过一些特殊技巧，对两个画面之间的过渡进行处理，完成场景转换的方法。一般来说，常用的技巧转场有：字幕转场、叠化转场、淡入淡出转场、划像转场、多画屏分割转场等。

（1）字幕转场：通过字幕或者字幕动画交代时间、地点、背景、视频主题、人物关系等，衬托某种氛围，吸引观众的注意力。

（2）叠化转场：前一个镜头的画面与后一个镜头的画面相叠加，上下两个画面有几秒钟时间的重合，前一个镜头慢慢淡出与第二个镜头慢慢出现，一般用来表现空间的转换和时间的推移。这样的处理方式往往可以抒发情感。当镜头质量不佳时，也可以借助这种转场来掩盖镜头的缺陷。

（3）淡入淡出转场：淡出是指上一段落最后一个镜头的画面逐渐隐去直至黑场，淡入是指下一段落第一个镜头的画面逐渐显现直至正常的亮度。有些视频中淡出与淡入之间还有一段黑场，给人一种间歇感。这种技巧一般用于整个段落的开头或结尾。

（4）划像转场：划像是指两个画面之间的渐变过渡，分为划出与划入。划出是指前一个画面从某一个方向退出荧屏，划入是指下一个画面从某一个方向进入荧屏。例如，十字划像、圆形划像、星形划像等，一般用于两个内容、意义差别较大的段落之间的转换。

（5）多画屏分割转场：把画面一分为多，可以使双重或多重的情节齐头并进，极大地压缩时间，适用于开场、广告创意等。如在电话场景中，打电话时，先出现打电话的人，然后通过多画屏分割出现两边的人，打完电话后进入接电话人的场景。

1. 添加转场效果。林凯将前期处理好的书包产品素材导入剪映专业版中，点击页面菜单栏中的"转场"项，浏览包含热门、VIP、叠化、运镜等多种方式的转场效果。林凯点击"叠化"项，选中"叠化"效果下载，如图 4-2-1 所示，点击并拖拽至视频轨道上需要添加转场效果的两个镜头之间。

图 4-2-1 选择"叠化"转场效果

2. 调整转场效果。拖拽操作面板右上方的滑块，调整"叠化"转场时长。同时，在滑块下面，可以点击"应用全部"按钮，选择是否将该转场效果应用到该视频的所有镜头转换之间，如图 4-2-2 所示。

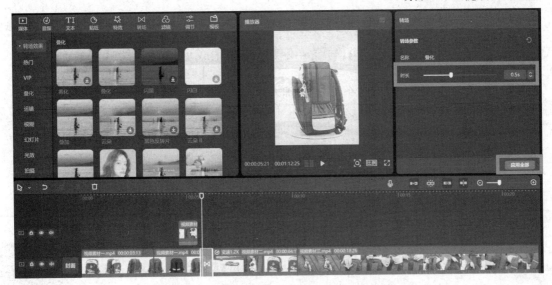

图 4-2-2　剪映专业版"叠化"转场效果应用

练一练

请为小组所拍摄的书包产品短视频选择并添加合适的转场效果，要求至少使用 3 种技巧转场方式。添加完成并导出文件后，以"班级+学号+姓名"的方式命名，在线上进行提交。

步骤三：熟悉并使用无技巧转场。

学一学

无技巧转场是指场面的过渡不依靠后期的特效制作，而是在前一个场景镜头中埋入一些线索，使两个场面实现视觉上的流畅转换。无技巧连接注重镜头之间的内在联系，需要独具匠心的艺术考虑。在镜头安排上，不仅要有所设计，而且要精心选择。只有上下镜头具备了合理的过渡因素，直接切换才能起到承上启下、分割场次的作用，让整个成片更加"顺滑"，达到理想的效果。

无技巧转场方式及其特点如表 4-2-2 所示。

表 4-2-2　无技巧转场方式及其特点

转 场 方 式	特　　点
同景别转场	前一个场景的结尾和后一个场景的开头镜头景别相同
特写转场	将画面局部细节突出和放大，突出特点
两极镜头转场	前一个镜头和后一个镜头是两个极端，如前一个特写、后一个全景，或者反之
空镜头转场	作为留白写意的一种手法，空镜头转场最直观的作用就是通过场景间的切换来交待要介绍的信息
遮挡镜头转场	最常用的一个"万能转场"，可以转场到任何一个画面，在前一个场景中将镜头逐渐靠近遮挡物直至画面被完全遮挡，后一个场景中从画面被遮挡物遮挡开始远离
下移转场	利用镜头下移，让画面过渡更流畅，可以借助草地、天空、楼梯等环境，更具空间感、代入感

请为本次小组制作的书包产品短视频添加转场效果，尝试在其中运用至少两种无技巧转场方式，并说一说这样做的理由，填写表 4-2-3。添加完成后，在班级内进行分享。

表 4-2-3 添加无技巧转场方式

画 面	无技巧转场方式	理 由

练一练

扫码观看纪录片《故宫》片段，分析其中所运用到的转场技巧，填写
表 4-2-4，完成后在班级内进行分享。

表 4-2-4 纪录片《故宫》片段转场方式分析表

序 号	画 面	转 场 方 式
镜头 1		
镜头 2		
镜头 3		
镜头 4		
镜头 5		

活动二 特效的使用

活动描述

为短视频添加精彩的特效，可以为用户带来丰富的视觉体验。林凯完成本次书包产品短视频转场效果的添加后，还想了解如何为短视频的不同部分选择合适的特效，并在短视频中进行添加。他计划分别从开头特效、中间特效、结尾特效 3 个方面进行了解。

活动实施

步骤一： 添加开头特效。

基础特效菜单栏中包括"纵向开幕""色差开幕""开幕""开幕Ⅱ""模糊开幕"等多种开幕效果。

1. 添加开头特效。林凯将添加好转场效果的书包产品素材导入剪映专业版中，点击页面菜单栏中的"特效"按钮，点击"画面特效"选择"基础"特效，点击下载选择"擦拭开幕"，并拖拽至视频轨道上需要添加此效果的第一个镜头上，如图 4-2-3 所示。

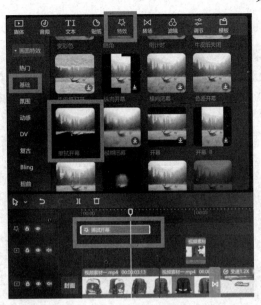

图 4-2-3　添加擦拭开幕特效

2．调整开头特效。在剪映软件右上方特效窗口内，拖拽特效参数的速度滑块，可以调整特效变化的速度，同时在视频轨道上方拖拽"擦拭开幕"特效的右边框，可以调整特效的持续时间，如图 4-2-4 所示。如果对此特效不满意，那么选中它并右击"删除"按钮即可。

图 4-2-4　调整擦拭开幕特效

步骤二：添加中间特效。

┌───┐

学一学

　　剪映软件中的特效功能非常强大，为视频添加中间特效时，要先对所有的素材有所了解，确保能够选择与短视频的主题相符合的特效。短视频中常用的中间特效有：制作分屏效果、改变画面视觉效果及增加画面特殊边框等。

└───┘

1．制作分屏效果。

分屏有两屏、三屏、四屏、六屏等多种效果。林凯在特效菜单栏中点击"分屏"按钮，选择

"两屏"项，点击下载并将其拖拽至时间线上需要添加此效果的镜头上方，如图 4-2-5 所示。

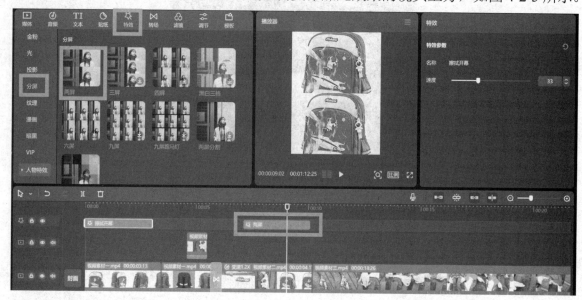

图 4-2-5　添加两屏特效

2. 改变画面视觉效果。

一般通过氛围、动感、光、纹理、复古、漫画、自然等特效，来改变画面的视觉效果。

林凯希望为画面添加一些光影效果，他在特效菜单栏中点击"光"按钮，选择"光晕"项，点击下载并将其拖拽至时间线上需要添加此效果的镜头上方，并可以在右边特效参数中进行相应的调整，如图 4-2-6 所示。

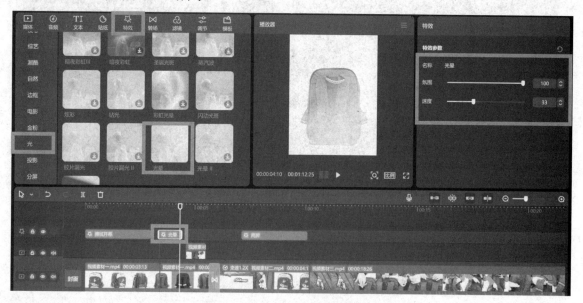

图 4-2-6　添加光晕特效

3. 增加画面特殊边框。

边框有"怀旧边框""录制边框""简约边框""相机网格"等多种特效。

林凯希望在镜头中添加一组边框效果，他在特效菜单栏中点击"边框"按钮，选择"录制边框"项，点击下载并将其拖拽至时间线上需要添加此效果的镜头上方，如图 4-2-7 所示。

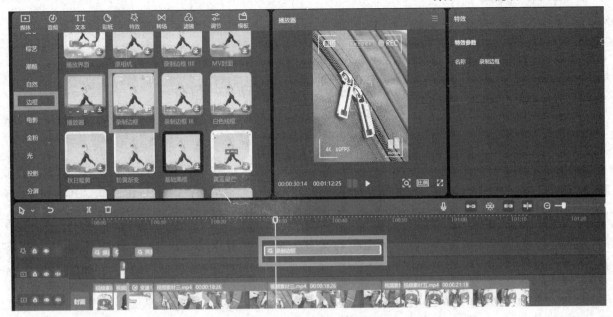

图 4-2-7　添加录制边框特效

步骤三：添加结尾特效。

好的结尾特效可以给观众留下深刻的印象。在选择结尾特效时，同样需要选择与视频内容相匹配的特效。基础特效菜单栏中有"横向闭幕""模糊闭幕""全剧终""闭幕""闭幕Ⅱ""渐隐闭幕"等多种闭幕效果。

1. 添加结尾特效。选择"渐隐闭幕"项点击下载，并将其拖拽至视频轨道上需要添加此效果的最后一个镜头上，如图 4-2-8 所示。

图 4-2-8　添加和调整"渐隐闭幕"特效

2. 调整结尾特效。在功能面板的"特效"窗口可以进行特效参数调整，左右拖拽速度滑块可以调整特效变化的速度。同时通过在视频轨道上方拖拽"渐隐闭幕"特效的右边框，可以调整特效的持续时间，如图 4-2-8 所示。

【案例展示 4-2-1】

想一想

抖音特效助力文化艺术和城市名片传播

随着移动互联网的发展，特效不再只属于影视和视频平台，也不仅仅停留在为人们创造欢乐上。特效开始与城市风貌、文化艺术等结合，成为一种新的表达形式。

2022 年，抖音与火山引擎联合举办特效技术开放日，首次发布了《抖音特效数据报告》。报告显示，特效已经成为深受抖音用户喜爱的表达方式，在 2021 年的上半年，抖音平台平均每天上线超过 100 个新款特效，投稿中的特效使用率平均占比约为 20%。更让人惊喜的是，抖音特效与经典文化艺术擦出了新的火花，经典文化艺术开始通过抖音特效以生动有趣的方式融入更多人的生活中。如京剧、越剧等似乎正与年轻人渐行渐远的传统戏剧，通过创新的技术手段进行创作后的特效深受用户青睐。报告显示，京剧、越剧小生和川剧变脸是 2022 年投稿数最多的非遗文化类特效。

另外，抖音特效通过使用 AR 技术装饰城市地标，实现在建筑上叠加酷炫的视觉效果，既让城市地标更具有科技感，又增强了用户与建筑的互动，如因"凤飞"而走红网络的西安钟楼。除此之外，重庆洪崖洞、成都 IFS、上海天空之城及北京三里屯等都是抖音上广受用户欢迎的地标，吸引了大量用户到当地旅游打卡。

丰富的特效不仅创造了快乐，而且创造了更多的用户价值与社会价值，让更多人参与到城市名片和文化艺术的传播中。

案例讨论：抖音采用了哪些特效让更多人参与到城市名片和文化艺术的传播中来？取得了什么样的效果？

练一练

请为本次小组拍摄的书包产品短视频素材添加特效，包含开头特效、中间特效及结尾特效。添加完成并导出文件后，以"班级+学号+姓名"的方式命名后，在线上进行提交。

活动三　使用贴纸背景

活动描述

为书包产品短视频添加完转场和特效后，林凯计划在短视频中使用贴纸功能，以丰富视频的画面感。接下来，他想要了解剪映专业版中包含哪些类别的贴纸、如何在画面中添加贴纸、如何调整贴纸的大小和位置，以及如何调整贴纸的动画效果。

活动实施

步骤一：为短视频添加贴纸。

学一学

　　贴纸功能是剪映中一个非常实用的功能。使用贴纸功能可以提升短视频内容的氛围感，让视频看起来更加生动、形象、有趣。它包含热门、VIP、夏日、旅行等众多分类。可以通过贴纸页面素材搜索栏搜索想要的素材，或者通过分类进行选择。

　　林凯想在书包产品短视频中添加一些"比赞"的贴纸，以此提升画面的氛围感。在剪映专业版中导入素材后，他点击页面菜单栏中的"贴纸"项，选择"热门"贴纸，点击"比赞手势"贴纸，下载后拖拽至视频轨道上需要添加此贴纸的镜头上方，如图4-2-9所示。

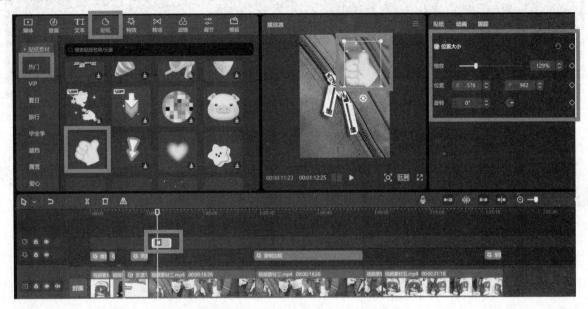

图 4-2-9　添加"比赞手势"贴纸

　　步骤二：调整贴纸的大小和位置。

　　在时间线面板中，将时间进度线拖拽至贴纸位置，即可在剪映软件播放器窗口预览到贴纸的大小和摆放的位置。在播放器窗口拖拽贴纸即可移动贴纸。同时通过调整贴纸外框的白点，可以改变贴纸的大小。左右拖拽贴纸下方的旋转按钮，还可改变贴纸的角度，如图4-2-9所示。

　　步骤三：调整贴纸的动画效果。

　　在剪映软件右上方窗口，点击"动画"按钮，可以改变贴纸入场、出场和循环的动画效果。拖拽动画下方的动画时长滑块，还可改变入场、出场和循环的动画时长。

　　林凯为本次书包产品的"比赞手势"贴纸，在"动画"——"循环"窗口，选择添加了"雨刷"动画效果，如图4-2-10所示。

练一练

　　请为本次小组拍摄的书包产品短视频素材添加合适的贴纸和贴纸动画效果，以丰富视频的效果。添加完成并导出文件后，以"班级+学号+姓名"的方式命名，在线上进行提交。

图 4-2-10 为"比赞手势"添加动画效果

微课学习

在剪映中,如何利用素材包高效制作出画面效果丰富的短视频呢?请扫码观看微课《如何利用素材包高效制作短视频》,记录下操作步骤,并进行实操。

任务三 短视频字幕添加

【任务导入】

林凯在完成书包产品短视频素材基本处理,以及为短视频添加转场与特效后,现在准备为视频添加字幕。工作室的李经理告诉林凯,字幕是短视频制作中一种非常重要的视觉元素,它是将短视频的相关信息传递给观众的重要方式。为此,林凯开始学习字幕添加的相关知识。

活动一 认识字幕

活动描述

添加字幕可以对短视频进行必要的补充、装饰和加工,以增大短视频的信息含量,增强画面的视觉效果,而画面的视觉效果是短视频能否吸引"粉丝"的重要一步。为了给本次的书包产品短视频添加理想的字幕效果,林凯计划先通过网络了解短视频字幕的类型及区别。

**活动实施**

步骤一： 认识字幕及其类型。

学一学

字幕是指以文字形式显示在短视频作品中的各种用途的文字，也泛指作品后期加工的文字。一般可以分为标题字幕和对白字幕。

标题字幕主要包括三类：片头字幕、过渡性字幕及片尾的滚动字幕。片头字幕主要是指用以介绍厂名、厂标、片名、演职员姓名，有时以简短的文字介绍剧情或故事背景的字幕。过渡性字幕主要是指交代故事背景，或起承前启后作用的字幕。其位置一般不固定，可以自由创作，可以是静态字幕，也可以是动态特效字幕（滚动、游动及其他特效）。片尾的滚动字幕主要用来介绍所有参与者和合作伙伴。

对白字幕广义上包括对白、独白、旁白。对白是指两个或多个人物之间的对话（台词）；独白是指画面中的人或物自言自语，如剧情独白；旁白是指说话者不在画面里，从画面外发出的声音。一般对白字幕，绝大多数会固定在中下方的位置或者左/右下方的位置。

访问百度搜索引擎，分别输入关键字"标题字幕"和"对白字幕"，了解它们的特点，并在表 4-3-1 中做好记录。

表 4-3-1　"标题字幕"和"对白字幕"的特点

字 幕 类 型	特　　点
标题字幕	
对白字幕	

步骤二： 了解"标题字幕"和"对白字幕"的区别。访问百度搜索引擎，输入关键字"标题字幕和对白字幕的区别"，了解它们的区别，并在表 4-3-2 中做好记录。

表 4-3-2　"标题字幕"和"对白字幕"的区别

字幕类型	在视频中出现的位置	是否需要跟人声对位	静态/动态
标题字幕			
对白字幕			

练一练

请观察以下短视频片段截取的画面（如图 4-3-1～图 4-3-4 所示）字幕，填写表 4-3-3，并且在班级内进行分享。

图 4-3-1　画面字幕（例 1）

图 4-3-2　画面字幕（例 2）

图 4-3-3　画面字幕（例 3）

图 4-3-4　画面字幕（例 4）

表 4-3-3　短视频片段截取的画面字幕观察表

画　面	在视频中出现的位置	静态/动态	字　幕　类　型
图 4-3-1			
图 4-3-2			
图 4-3-3			
图 4-3-4			

活动二　添加基础字幕

活动描述

了解了短视频字幕的类型和区别后，林凯接下来准备完成本次书包产品短视频的添加字幕工作。他计划使用剪映专业版完成字幕创建与调整等基本操作。

活动实施

步骤一：添加默认文本。在剪映专业版中导入本次书包产品的视频素材"书包介绍.mp4"，将时间线放置在需要添加文本画面的起始位置，点击菜单栏中的"文本"按钮，进入文本设定页面，点击页面左侧的"新建文本"按钮，点击"默认文本"右下角的"+"项，把默认文本添加到文本轨道，如图4-3-5所示。

图 4-3-5 添加默认文本

步骤二：修改默认文本。在文本轨道点击默认文本，然后在右侧文本属性栏"基础"设置下的文本框中输入需要修改的文本信息。林凯依据画面内容，输入"反光条展示"，如图 4-3-6 所示。接着，林凯把本次拍摄的书包短视频字幕内容依据不同的镜头画面依次添加到文本轨道中。

图 4-3-6 修改默认文本

除了以上字幕添加方法，在剪映中还提供了多样的智能字幕添加方法。

学一学

为了快速识别视频中的人物台词或者歌词字幕，在准确的时间点自动生成对应的字幕素材，剪映推出了智能识别功能，也就是智能字幕和识别歌词。"智能字幕"主要用于识别视频或声音素材中的人物说话声音，"识别歌词"主要用于识别视频或声音素材中的人物唱歌声音，从本质上来说，这两个功能属于同一种功能。

1. 识别字幕。如果在剪映专业版中导入的视频素材配有人声，则可点击菜单栏中的"文本"，选择"智能字幕"下的"识别字幕"，点击"开始识别"，如图4-3-7所示，识别出来的字幕将会自动生成文本轨道，并在视频对应区域出现。

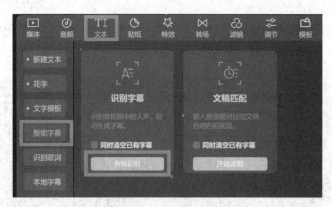

图 4-3-7　识别字幕

2．文稿匹配。文稿匹配可以实现快速准确的字幕输出，适合无语音但需要添加字幕的视频。在剪映专业版中导入视频，点击菜单栏中的"文本"，选择"智能字幕"下的"文稿匹配"，在弹出的输入文稿框中输入需要显示的字幕内容，如图 4-3-8 所示。然后点击开始匹配，字幕将会自动生成在文本轨道，并在视频对应区域出现。

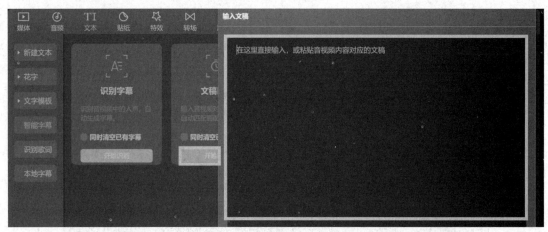

图 4-3-8　文稿匹配

3．识别歌词。如果视频素材配有含人声的背景音乐，则可在剪映专业版中选中视频轨道，点击页面左上角的"文本"按钮，选择"识别歌词"选项，点击"开始识别"，如图 4-3-9 所示。识别成功后，系统将会自行在时间轴中添加歌词文本轨道，并且在视频预览窗口出现识别到的歌词。

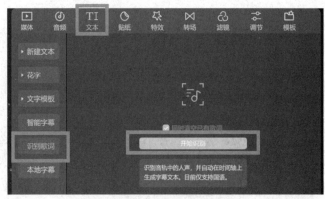

图 4-3-9　识别歌词

步骤三：调整基础字幕。

1．字幕基础设置（字体、字号）。选中视频预览区域的文本，选中右侧工具栏中的"基础"项，就可以输入文字，并且进行字体、字号、样式等的设置，如图 4-3-10 所示。

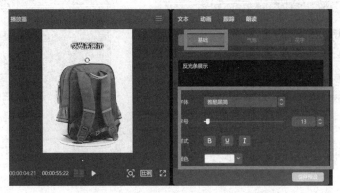

图 4-3-10　对文本基础样式进行调整

2．对文本进行分割、复制、删除。在选中文本素材的状态下，可以在底部工具栏中点击相应的工具按钮对文字素材进行分割、删除，也可以选中文本轨道，右击进行复制、剪切等操作，如图 4-3-11 所示。

图 4-3-11　对文本进行分割、复制、删除

3．对字幕持续时间进行调整，确保和视频片段时间匹配。在选中文本轨道的状态下，把鼠标放在轨道前端或者后端的白色线上左右拖动，可以对文本素材的持续时间进行调整，如图 4-3-12 所示。

4．对文本大小、位置进行调整。在视频预览区域，点击文本框四周任一白色按钮，按住鼠标左键，可对文本进行缩放和移动，即可改变文本大小和摆放位置；按住文本下方的"〇"按钮，可以进行旋转操作，即可调整文本的角度，如图 4-3-13 所示。

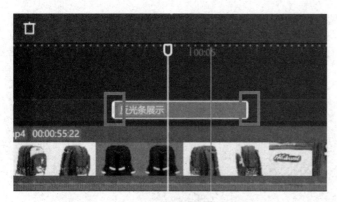

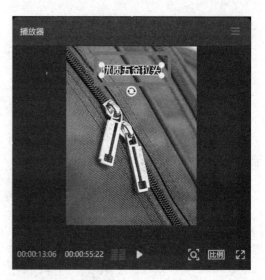

图 4-3-12　对文本持续时间进行调整　　　　图 4-3-13　对文本大小、位置进行调整

当工具栏中的选项卡内容显示不完整时，拖动选项卡区域右侧的滚动条，就可以看到更多内容的设置。

林凯学习了以上内容后，依据书包产品视频素材画面需要，对文本内容进行了相应操作，以确保文字和画面的一致性和准确性。

练一练

请每位同学为本小组所拍摄的书包产品短视频添加基础字幕。完成字幕创建、与视频画面匹配、大小及位置调整等工作，确保整体效果良好。视频字幕添加完成并导出后，文件以"班级+学号+姓名"的方式命名后，在线上进行提交。

活动三　制作特殊效果字幕

活动描述

完成书包产品短视频的基础字幕添加后，林凯在各大短视频平台调研发现字幕的实际运用中还包含众多特殊效果。接下来他还要继续探索，完成字幕气泡、花字、动画等特殊效果的制作，以便让视频达到更完美的播放效果。

活动实施

步骤一：设置字幕样式。剪映软件支持同时选中所有字幕，同步进行调节，字幕样式主要包括"气泡""花字""文字模板"等效果。

1. 设置文本"气泡"效果。"气泡"选项为用户提供了多种预设的气泡文字效果，在文本轨道上选中"反光条展示"这一字幕后，点击右侧气泡栏选项中的某一气泡效果，在播放器中即可预览文字使用该种气泡后的效果，如图 4-3-14 所示。

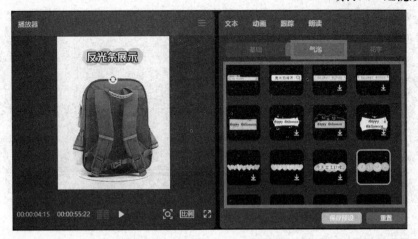

图 4-3-14　应用气泡效果

2．设置文本"花字"效果。"花字"选项为用户提供了多种预设的综艺花字效果，继续选中字幕"反光条展示"，点击右侧花字栏选项中的某一花字效果，在播放器中即可预览文字使用该种花字后的效果，如图 4-3-15 所示。

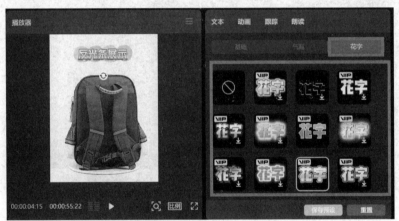

图 4-3-15　应用花字效果

3．应用文字模板。

在"文本"工具栏中点击"文字模板"按钮，选择"带货"样式中的"爆款"项，就可以在视频预览窗口显示相应的文字模板信息，此时也可以根据视频内容在右侧的属性设置中完成文本内容及基本样式的修改，如图 4-3-16 所示。

步骤二：添加字幕动画。字幕动画包括"入场动画""出场动画"和"循环动画"。

1．选择右上方"动画"按钮后，点击"入场"按钮，即可预览到多种文字的入场效果，同理，点击"出场"或"循环"按钮，也可以预览到相应的动画效果，如图 4-3-17 所示。

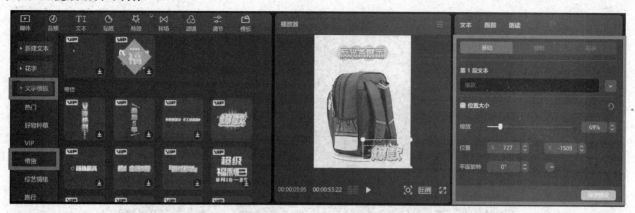

图 4-3-16　应用文字模板

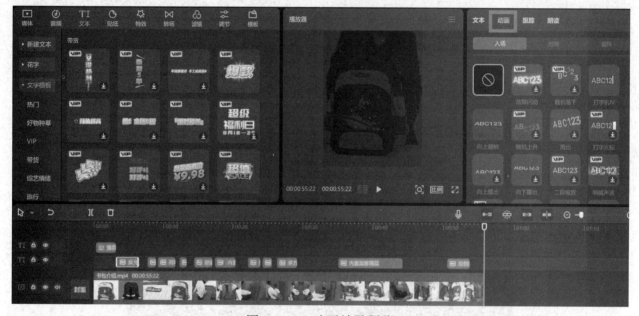

图 4-3-17　动画效果预览

2. 在文本轨道中选中字幕"反光条展示"，点击任一入场效果，即可在播放器中进行动画效果预览。同时，通过拖拽动画效果栏下方的"动画时长"滑块，即可调整字幕动画的持续时间，如图 4-3-18 所示。

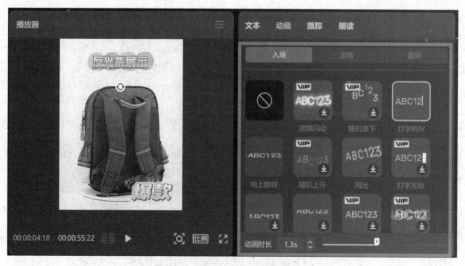

图 4-3-18　添加字幕动画

步骤三：设置文本朗读。完成字幕样式和动画的设置后，若能为文本配上富有特色的声音，就能使视频更具美感、个性化，并能实现一些特殊的视听效果。

1. 把文本轨道上的文本全部选中，点击页面右上角的"朗读"按钮，在弹出的选项卡中选择一种音色，可以自动对添加的文字进行朗读，如图 4-3-19 所示。

图 4-3-19　设置文本朗读

2. 同时在时间线中会自动添加一条朗读的音频轨道，也可以在右侧音频属性栏对音频进行音量、淡入时长、淡出时长等基本处理，如图 4-3-20 所示。

图 4-3-20　文本朗读音频轨道

【案例展示 4-3-1】

侵犯短视频模板相关著作权导致被罚

　　剪映 App 是一款视频编辑软件，经微博公司授权确认由脸萌公司负责运营。2020 年 2 月 27 日，其制作人在剪映 App 上发布了"为爱充电"短视频模板，用户在使用剪映时可通过替换模板中的可更换素材形成自己的视频。微博和脸萌公司经制作人授权取得相关著作权权利。同年 2 月，杭州某科技有限公司和某创新科技股份有限公司未经授权在另一个平台 Tempo App 上传了经剪映制作下载的该短视频模板，模板中有剪映内置的文字模板、排版设计等。

　　鉴于杭州某科技有限公司和某创新科技股份有限公司的侵权行为，微博和脸萌公司对这两家公司提起诉讼。经法院宣判，二被告构成对原告方涉案作品信息网络传播权的侵害，需立即停止在 Tempo App 中提供涉案短视频模板，并赔偿原告方经济损失及相关费用共计 6 万元。

　　案例讨论： 因侵犯短视频模板著作权导致被罚，给我们带来了什么启发？

练一练

　　请每位同学为本小组所拍摄的书包产品短视频进行特殊效果字幕添加。选择合适的气泡效果、花字效果及动画效果等，确保整体效果良好。完成特殊效果字幕添加并导出后，文件以"班级+学号+姓名"的方式命名，在线上进行提交。

任务四　短视频音频处理

【任务导入】

　　林凯完成了书包产品短视频的字幕添加后，接下来准备为短视频添加音乐和进行合理的音频处理。林凯通过学习了解到，恰到好处的音频可以成为短视频中的亮点，放大画面效果，提升观众的感官体验。他准备从添加背景音乐、音频素材的基本处理与特殊处理着手，学习短视频音频处理的方法。

活动一　添加背景音乐

活动描述

　　声音是短视频中的听觉元素，合适的背景音乐不仅能增强短视频的表现力和感染力，而且能调动观众的情绪引发共鸣。为了完成本次书包产品的音频处理任务，林凯首先要了解短

视频音乐添加的方法。

活动实施

学一学

为短视频添加背景音乐有一些要点和注意事项。

1. 三个符合。

（1）符合账号类型。要根据不同的账号类型来选择背景音乐。比如 vlog 类短视频，大漠戈壁可以选一些大气磅礴的音乐；江南小巷、阁楼庭院可以选择古香古色的音乐。

（2）符合产品特性。比如美妆护肤类产品的短视频，可以选择一些流行的背景音乐。

（3）符合内容形式。背景音乐的歌词要和视频内容搭调。如短视频是以浪漫的钻石产品为题材的，则歌词应该温馨、舒缓。

2. 两个注意。

（1）注意视频的感情基调。在选择背景音乐时，要符合整体的感情基调。比如一本正经的法律知识科普，配以特别欢快的音乐就会显得很怪异。

（2）注意视频的整体节奏。在选择背景音乐之前，要分析一下视频大致的节奏再做决定。

3. 一个不要。不要让音乐喧宾夺主，遮盖了内容本身的锋芒。

在剪映专业版中，内嵌了很多不同类型的音乐素材。同时，作为一款与抖音直接关联的短视频剪辑软件，在抖音中收藏的音乐也会内嵌其中。林凯决定本次直接采用剪映音乐素材库中的音乐。

学一学

剪映音乐素材库对音乐进行了细致的分类，用户可以根据音乐类别来快速挑选适合自己视频素材基调的背景音乐。在音乐素材库中，点击任意一款音乐，都可以对音乐进行试听。此外，音乐素材中每一款音乐的右侧均有不同的功能按钮，说明如下：

■按钮，可将音乐添加到"音乐素材"的"收藏"中，方便下次使用；

■按钮，可以下载音乐，下载完成后会自动进行播放；

■按钮，在完成音乐的下载后，将出现该按钮，点击该按钮即可将音乐添加到视频轨道中。

此外，剪映专业版中不仅可以添加"音乐素材"，而且可以添加"音效素材"。剪映提供了笑声、综艺、机械、游戏、魔法、动物等不同类别的音效，供视频创作者选择。

步骤一：进入音乐素材库。打开剪映专业版，导入已经完成字幕添加环节的视频素材"书包介绍.mp4"，选中视频所在的轨道，点击页面左上角的"音频"按钮，选择"音乐素材"，即可进入音乐素材库页面。

步骤二：添加选中的音乐。选择"纯音乐"分类下的"相思湖畔"，鼠标选中后拖拽添加到时间轴，即可完成音乐的添加，如图 4-4-1 所示。

在剪映中，除了以上方法可以添加音乐外，还有以下几种不同的音乐添加方法。

图 4-4-1　在音乐库中选取音乐

1. 使用抖音收藏的音乐。使用抖音账号登录剪映专业版，可以浏览并使用在抖音中收藏的音乐。

（1）打开抖音手机端，选择喜欢的视频后，点击视频右下角旋转的光碟按钮，如图 4-4-2 所示。进入收藏页面，点击"收藏"按钮，就可以收藏喜欢的音乐了，如图 4-4-3 所示。

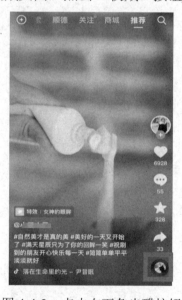

图 4-4-2　点击右下角光碟按钮

图 4-4-3　点击"收藏"按钮

（2）打开剪映专业版主页面，在左上角点击"点击登录账号"，进入登录页面，接着用抖音 App 扫一扫进行登录，就可以看到剪映主页面左上角显示的抖音登录人信息，如图 4-4-4 所示。选择剪映专业版页面左上角的"音频"项，选择"抖音收藏"项，就会看到所有在抖音中收藏的音乐，可以下载并添加到视频中，如图 4-4-5 所示。

在剪辑过程中，如果在剪映专业版中没有查找到抖音收藏的音乐，可以点击"刷新列表"进行刷新。此外，如果想在剪映中将"抖音收藏"中的音乐素材删除，只需要在抖音中取消该音乐的收藏即可。

图 4-4-4 剪映专业版显示抖音账号

图 4-4-5 使用抖音收藏的音乐

2. 添加外部背景音乐。

（1）导入本地音乐。

① 打开网易云音乐，选择合适的音乐，点击下载到桌面，如图 4-4-6 所示。

图 4-4-6 在网易云音乐中下载背景音乐

② 在剪映专业版中，点击"媒体"项后再点击"导入"项添加刚才下载的音乐，并将其拖拽到时间线上，即可完成本地音乐导入，如图 4-4-7 所示。

图 4-4-7　导入本地音乐

（2）通过链接导入音乐。剪映支持抖音分享的视频/音乐链接的导入。

① 打开抖音官网，在音乐播放页面，点击右下角的分享箭头，接着点击"复制链接"按钮，如图 4-4-8 所示。

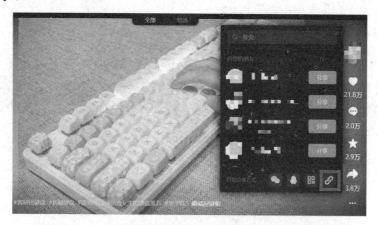

图 4-4-8　在抖音官网音乐播放页面复制音乐链接

② 进入剪映音乐素材库，点击"链接下载"按钮，在文本框中粘贴之前复制的音乐链接，再点击右侧的▣按钮，等待解析完成后即可以将音乐导入剪映中，如图 4-4-9 所示。

3．提取视频音乐并使用。

剪映能将其他视频中的音乐提取出来并单独应用到剪辑项目中。在剪映专业版中点击"音频"下的"音频提取"，点击"导入"按钮，导入视频文件，即可以提取视频中的音频并运用在需进行剪辑的项目中，如图 4-4-10 所示。

图 4-4-9 在剪映中下载抖音官网音乐链接

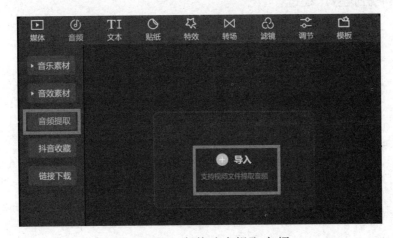

图 4-4-10 在剪映中提取音频

【案例展示 4-4-1】

抖音积极扩展音乐授权版图案例

音乐版权一般被称为音乐著作权，是指音乐作品的创作者对其创作的作品依法享有的权利。抖音视频音画同步的特性决定了配乐在其产品中的不可或缺性，因此抖音也在积极地解决音乐版权的问题。

在2017年，抖音收购musical.ly，这是它为解决音乐版权问题所踏出的第一步。musical.ly所拥有的音乐版权，能够为抖音短时间的快速扩张扫清障碍。在2018年，抖音发起了"看见音乐计划"，助力原创音乐人，这个计划一直延续至今。在2019年，抖音与腾讯音乐达成音乐转授权合作，腾讯旗下的酷狗音乐、酷我音乐及QQ音乐都已入驻抖音。在2021年，抖音与中国唱片集团达成音乐版权合作，数万首歌曲上架。截至2021年11月，抖音已与2000多家音乐版权方建立合作，正版曲库中的歌曲已达几千万首，覆盖流行、说唱、中国传统、民谣、电音、国风、摇滚、乡村、R&B、童谣等18种曲风。

抖音表示，平台一直高度重视歌曲的版权合作，通过版权采购、提供畅通的侵权投诉渠道等措施支持原创内容，严厉反对和打击侵权盗版行为。正因为如此，用户才可以体验到更加丰富优质的音乐内容，创作出更多优质的作品。

案例讨论：

1. 在本案例中，为了让更多用户体验到不同的音乐内容，抖音是如何解决音乐版权问题的？

2. 假如抖音不注重音乐版权的保护，可能会给它带来什么影响呢？

练一练

请为本小组所拍摄的书包产品短视频添加背景音乐。添加完成并导出文件后，以"班级+学号+姓名"的方式命名后，在线上进行提交。

活动二 音频素材的基本处理

活动描述

为视频添加了音频之后，还需要进行基本处理，使音频与视频素材更好地融合。按照计划，林凯要熟悉音频的设置页面，并完成音频的分割、删除和位置调整，以及音量调节和淡化处理等操作。

活动实施

步骤一： 对音频进行分割、删除、复制等处理，调整音频位置。

1. 删除音频。林凯完成了音频的添加后，在轨道区域选择音频素材，发现音频的前面部分没有声波，而且音频的持续时间比视频长，此时可以让时间线定位在音频没有声波的终点位置，点击分割▯按钮，再点击▯删除按钮，删除没有声波的部分，如图 4-4-11 所示。

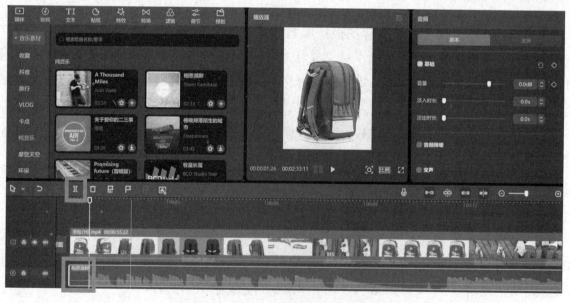

图 4-4-11 分割、删除没有声波的部分

2. 调整音频位置。删除没有声波的部分后，向左拖拽音频文件至与视频同样的起始位置。对于音频文件长度超过视频文件的位置，操作同上，在时间线上定位后进行分割与删除，保

证音频与视频文件时长同步，如图 4-4-12 所示。此外，也可以选中音频轨道，点击鼠标右键，进行复制、剪切等操作。

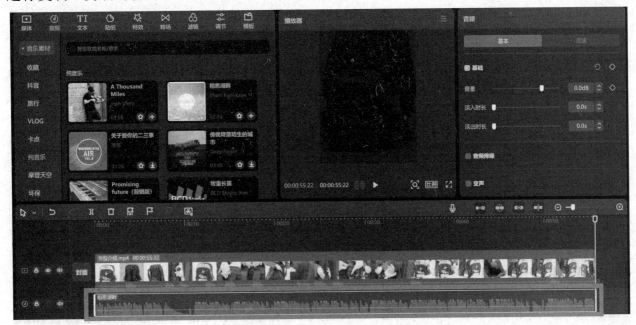

图 4-4-12　分割、删除音频

步骤二：对音频进行音量调节和淡化处理。

1. 调节音频的音量。在轨道区域选择音频素材，在剪映页面右侧就会出现音频音量调节的页面。选中"基本"选项，在音量选项栏中左右拖动滑块就可以改变素材的音量，如图 4-4-13 所示。如果想要改变某段音频素材的音量，那么需要对音频素材进行分割，再进行调节即可。

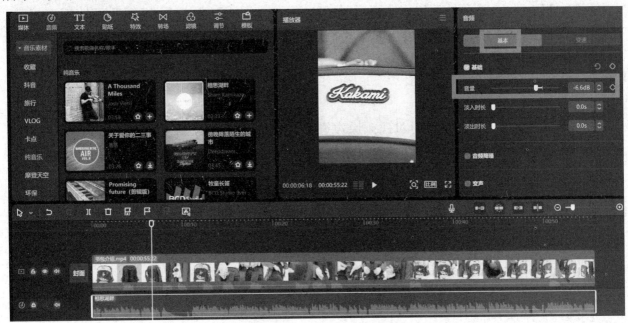

图 4-4-13　调节音频的音量

2. 对音频进行淡化处理。对于一些没有前奏和尾声的音频素材，在其前后添加淡化效果，可以有效地降低音乐进场时的突兀感，使得音频之间的过渡更加自然。在轨道区域选择音频素材，在剪映页面右侧就会出现音频调节页面，可以左右拖动淡入、淡出时长的滑块，轨道区域中的音频素材的波形也会呈现相应的变化，如图4-4-14所示。

图4-4-14 音频淡化处理

活动三　音频素材的特殊处理

活动描述

当前有不少短视频创作者会对视频原声进行处理，使得视频的节奏更快、视频更有趣味性，从而赋予其鲜明的个人特色。林凯觉得对视频原声进行恰当的特殊处理，是让自己的产品视频更有吸引力的一种方法，接下来他将继续学习音频的特殊处理方法。

活动实施

音频的特殊处理主要是指变声处理，包括两种方法：一是通过剪映自带的变声功能将声音处理成大叔音、机器人声音等假声效果；二是通过改变音频的播放速度来实现变音。

步骤一：录制声音。

在短视频的制作中，一个很重要的操作是为视频添加人声解说，此时使用剪映中的"录音"功能，就可以进行人声的添加。

在剪映专业版页面中，点击"录音" 🎤 按钮，接着在打开的录音选项栏中，按住红色的录制按钮进行录音，如图 4-4-15 所示，此时，轨道区域会同时生成音频素材。

步骤二：应用变声功能。

使用变声功能在一定程度上可以强化人物的情绪，对于一些趣味性的短视频或者视频中需要强调的部分来说，音频变声能很好地放大这类视频的幽默感。

点击选择用"录音"功能完成的音频素材所在的轨道，在剪映页面右侧出现的"音频"选项卡中，选择"基本"中的"变声"项，可以根据实际需求选择声音效果，如图 4-4-16 所示。

图 4-4-15　录制声音

图 4-4-16　应用变声功能

步骤三：应用变速功能。

学一学

通过速度滑块可以应用变速功能，速度滑块停留在 1x 数值时，代表正常速度；向左滑动，音频减速，反之加速。同时，音频素材的持续时长也会因此而变短或变长。

在轨道区域选择音频素材，然后在剪映页面右侧出现的"音频"选项卡中，点击"变速"按钮，在变速选项栏中通过左右拖动速度滑块，可以对音频素材进行减速或加速处理。如果想对旁白声音进行变调处理，那么可以选择"声音变调"项。在完成操作后，人物说话时的音色将会发生变化，如图 4-4-17 所示。

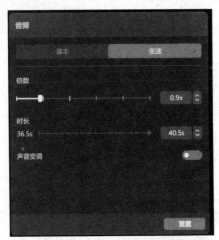
图 4-4-17　应用变速功能

练一练

请对本小组所拍摄的书包产品短视频的音频进行特殊处理，包括变声和变速，注意视频的整体效果。完成并导出文件后，以"班级+学号+姓名"的方式命名后，在线上进行提交。

【项目评价】

填写"项目完成情况效果评测表"，完成自评、互评和师评。

项目完成情况效果评测表

组别：　　　　　　　　　　　　　　　　　　　　　　　　　　　　学生姓名：

项目名称	序　号		评测依据	满分分值	评价分数		
					自评	互评	师评
职业素养考核项目（40%）	1		具有责任意识、任务按时完成	10			
	2		全勤出席且无迟到早退现象	6			
	3		语言表达能力	6			
	4		积极参与课堂教学，具有创新意识和独立思考能力	6			
	5		团队合作中能有效地合作交流、协调工作	6			
	6		具备科学严谨、实事求是、耐心细致的工作态度	6			
专业能力考核项目（60%）	7	短视频素材基本处理	了解短视频剪辑的含义、短视频的剪辑步骤，认识主流短视频剪辑软件，了解在剪映专业版中对视频素材的基本处理方法，能够完成素材添加与剪辑	15			
	8	短视频转场与特效应用	熟悉短视频转场与特效的应用方法，能够为视频添加转场、特效和贴纸效果	15			
	9	短视频字幕添加	熟悉短视频字幕添加方法，能够为视频添加字幕、进行字幕基本处理以及特殊效果设置	15			
	10	短视频音频处理	熟悉短视频音频处理方法，能够为视频添加音频，进行音频基础处理以及特殊效果设置	15			
评价总分							
项目总评得分	自评（20%）+互评（20%）+师评（60%）=				得分		
本次项目总结及反思							

【项目检测】

一、单选题

1. 以下不属于短视频后期剪辑工作的是（　　　）。

A. 剪辑　　　　　　　　B. 配音　　　　　　　　C. 调色　　　　　　　　D. 上传

2. 在剪映专业版中，"文本"中"基础"栏目的调整不包括什么内容？（　　　）

A. 字体大小　　　　　B. 字体类型　　　　　C. 字体动画　　　　　D. 字体间距

3. 在剪映专业版中，返回上一步操作的快捷键是（　　　）。

A. Ctrl+Z　　　　　B. Tab+Z　　　　　C. Shift+Z　　　　　D. Alt+Z

4. 剪映专业版中音量功能的作用是（　　　）。

A. 调节视频、音频音量的大小　　　　　B. 调节滤镜、特效音量的大小

C. 调节手机音量的大小　　　　　D. 只能给音效调节音量

5. 以下关于剪映功能说法正确的是（　　　）。

A. 剪映支持抖音账号收藏音乐同步到剪映上

B. 不支持导入本地音乐

C. 不支持提取视频的音乐音效

D. 不能通过其他平台链接导入音乐

6. 为短视频选择合适的背景音乐，需要做到"三个符合"。下列哪一种说法是错误的？
（　　　）

A. 符合账号类型　　　　　B. 符合内容形式

C. 符合产品特性　　　　　D. 符合人物情感

二、多选题

1. 在剪映专业版中可以作为开幕特效的有（　　　）。

A. 纵向开幕　　　　　B. 色差开幕　　　　　C. 开幕　　　　　D. 模糊开幕

2. 在导出视频时，以下哪两项属于主流的视频分辨率？（　　　）

A. 480P　　　　　B. 720P　　　　　C. 1080P　　　　　D. 4K

3. 动画的设置包括（　　　）。

A. 入场动画设置　　　　　B. 出场动画设置

C. 中间动画设置　　　　　D. 循环动画设置

4. 分割功能分割哪些类别的素材？（　　　）

A. 音频、文字　　　　　B. 特效、滤镜

C. 视频、图片　　　　　D. 背景画布、调节功能

三、简答题

1. 剪映专业版中添加音频的方法有哪几种？

2. 请简述短视频剪辑的基本步骤。

四、实训任务

任务导入

"寻味某某"是一个本土美食类短视频账号。视频所展现的主要是创作者去不同的地方

品尝、测评美食的过程。近期该账号策划和制作了一组"打卡校园周边美味小店"的短视频，现在需要对拍摄完成的短视频素材进行后期的剪辑处理。

1．实训目的

通过本次企业任务，按照企业所给的素材，结合产品实际，实事求是地进行短视频的剪辑处理，完成短视频素材添加与剪辑、视频画面设置、转场和特效应用、字幕添加及音频的处理。

2．实训任务条件

在前置学习任务中，各小组已经通过团队合作完成了"打卡校园周边美味小店"的短视频拍摄工作，积累了很多图片和视频素材。

3．实训目标

（1）在剪映专业版中导入拍摄的短视频素材并完成画面调整和剪辑。

（2）为短视频添加转场、特效、贴纸效果，添加字幕和音乐并进行处理。

（3）确保短视频整体效果良好，然后导出短视频，并进行提交。

4．任务分工

小组进行讨论，确定本次任务分工，并做好记录。

5．实训步骤

步骤一：添加素材，调整视频画面。

小组讨论确定本次短视频添加的素材，并完成视频画面的调整和剪辑。

步骤二：添加转场、特效及贴纸效果。

依据素材内容，小组讨论并决定要添加的转场、特效及贴纸效果。

步骤三：添加字幕并进行处理。

依据素材内容，小组讨论并决定选用的字幕类型，完成添加和处理。

步骤四：添加音频并做处理。

依据素材内容，小组讨论并决定选用的音频类型，完成添加和处理。

项目五

短视频基础运营知识

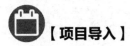【项目导入】

国货美妆品牌花某某的崛起

近年来，随着国货的持续崛起和国人的文化自信、国牌自信，国货潮毫无疑问已经成为了当下的消费热点，一大批国货品牌以全新的面貌出现在了大众视野当中。国货美妆品牌"花某某"无疑也把握住了这个热点。"花某某"2017年成立于杭州，核心理念为"东方彩妆，以花养妆"。在2020年其成交额突破30亿元，在2021年"618"全网大促中，其在天猫、京东等平台都获得彩妆类第一的成绩。

花某某的成功与其尤为重视内容营销密不可分，主要采用明星+KOC（关键意见消费者）种草模式。除了合作淘宝头部主播进行直播带货，花某某选择小红书、微博、B站（哔哩哔哩）、抖音、微信等社交平台作为传播主战场，并针对社交平台的不同属性，输出定制化内容。例如，在抖音发起#卸妆卸出脸谱妆#挑战赛；在快手发起寻找KOL主播进行口红试色；在淘宝推出各类古典妆容的仿妆教程短视频；在哔哩哔哩推出了华服展示、国风歌舞、古代食物做法等短视频内容。

为了更好地进行品牌推广，让消费者自发参与分享和转发活动，花某某也进行了不同的尝试。首先是"晒产品"，花某某的产品设计和包装做出了开创性东方审美，例如，在口红上雕出一幅幅独具中国古典美学意向的图案，将百鸟朝凤的东方故事浮雕于眼影盘上。其精致的设计让消费者自发地在社交媒体上进行分享。其次是"聊内容"，花某某推出不同主题的妆容教程，吸引消费者拍摄上传仿妆短视频。最后是"唱曲子"，花某某邀请四位音乐大师联合创作了同名歌曲视频，引发网友大量转发和跟唱。

以花某某为代表的一批国货精品品牌重视用户、重视产品品质，让工匠精神渗透每一个细节的努力，让中国品牌成为世界语言。

思考： 1. 本案例中花某某在哪些社交平台推出了哪些短视频定制化内容？

2. 花某某为了让消费者参与品牌互动，进行了哪些尝试？

3. 花某某品牌的崛起，给国货品牌的发展带来了什么启示？

 【项目目标】

知识目标：

1. 了解各大短视频平台的上传规则和审核机制，熟悉短视频的发布步骤。

2. 知道短视频平台的推荐系统算法和推荐机制，熟悉短视频的推广方法。

3. 熟悉短视频作品数据的收集方式和分析方法。

4. 熟悉各大平台短视频的盈利方式。

技能目标：

1. 能选择合适的时间和频次进行短视频发布，并完成标题关键词、发布标签和封面等发布内容设定。

2. 能够选择恰当的推广方法，进行短视频推广。

3. 能够准确对短视频作品进行数据收集和分析。

4. 能够利用各大短视频平台的盈利规则进行视频盈利。

素养目标：

1. 弘扬中国传统文化、培养学生文化自信、民族自信。

2. 培养学生严谨、诚信的职业理念和坚定不移的法制理念。

3. 培养学生在进行数据分析时，养成科学严谨、实事求是、耐心细致的工作态度。

 【项目导图】

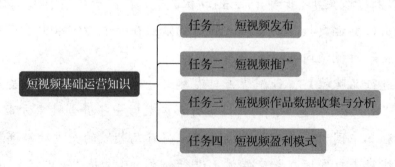

短视频基础运营知识
- 任务一　短视频发布
- 任务二　短视频推广
- 任务三　短视频作品数据收集与分析
- 任务四　短视频盈利模式

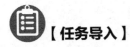

任务一 短视频发布

【任务导入】

学校的美景视觉创意工作室成员们完成了合作企业广州捷维皮具有限公司的一系列书包产品推广短视频的制作，即将进入短视频的发布和推广阶段。工作室的李经理将此项任务交给了林凯，要求他在规定的时间内完成短视频的发布和推广。大家跟着林凯一起来学习吧。

活动一 做好短视频发布前的准备

活动描述

林凯经过调研和慎重的考虑后，选定抖音平台作为本次企业产品推广短视频发布的主要平台。为了做好发布前的准备工作，林凯希望了解短视频发布平台的视频格式、时长、分辨率、文件大小等上传发布要求，以及最佳发布时间、最佳更新频率和内容审核机制。他仍然计划利用互联网来进行相关知识的查询与学习。

活动实施

步骤一：登录抖音创作服务平台。

在百度上搜索并登录抖音创作服务平台，点击左上角的"发布视频"按钮，如图 5-1-1 所示，进入视频发布页面。

图 5-1-1 抖音创作服务平台发布视频入口

步骤二：查询抖音创作服务平台短视频的上传发布要求。

在抖音创作服务平台，如图 5-1-2 所示，查询短视频发布的格式、大小/时长和分辨率要求。

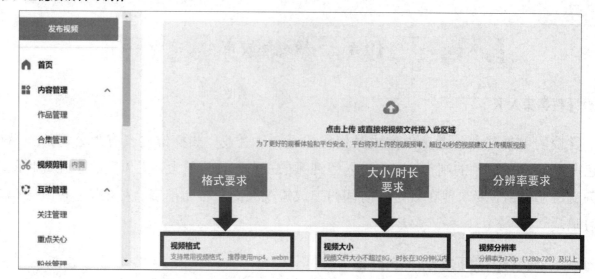

图 5-1-2　抖音创作服务平台短视频的上传发布要求

步骤三：查询部分其他主流短视频平台的上传发布要求。

请对以下短视频平台的上传发布要求进行调研，填写表 5-1-1，并在班级内进行分享。

表 5-1-1　短视频发布平台上传规则调研表

平　　台	时　长　要　求	大　小　要　求	格　式　要　求	分辨率要求
西瓜视频				
快手				
腾讯微视				
小红书				

步骤四：了解短视频最佳发布时间和最佳更新频率。

1．了解短视频的最佳发布时间。

选择合适的短视频发布时间，有利于短视频获得更大的曝光量，增加视频播放量和点赞量。请访问百度搜索引擎，输入关键字"抖音短视频最佳发布时间"，查询抖音平台的最佳发布时间和原因，并在表 5-1-2 中做好记录。

表 5-1-2　抖音平台的最佳发布时间和原因

平　　台	最佳发布时间	原　　因
抖音		

2．了解短视频最佳更新频率。

登录抖音平台官网首页，如图 5-1-3 所示，打开某视频详情进行发布时间查询。随机查询并记录 3 个以上"大 V"账号的短视频更新频率，在表 5-1-3 中做好记录，并在课堂上进行分享和讨论。

图 5-1-3　发布时间查询

表 5-1-3　短视频更新频率

序　号	账号名称	短视频更新频率
1		
2		
3		

步骤五：了解抖音短视频内容审核机制。

为了保证短视频内容上传后，能够通过抖音平台的发布审核，作为专业的运营人员，必须了解抖音短视频的内容审核机制，以保证发布的作品符合国家法律法规要求。

1. 请访问百度搜索引擎，输入关键字"抖音短视频内容审核机制"，查询抖音短视频内容审核机制并进行学习。

2. 通过浏览网页，充分了解抖音短视频内容审核机制，谈谈你对"抖音短视频内容审核机制"的认识，并在班级内进行分享。

【案例展示 5-1-1】

违规标签导致短视频无法通过审核

为了更好地助力农村经济发展，某商家通过抖音平台进行本地农产品的销售。商家所销售的第一批荔枝由于高品质以及价格实惠，一经上架就获得了市场的认可，当月就突破了 6 万元的销售额。第二年，当商家信心满满地备好充足的货源，准备大干一场时，却发现精心制作的带货短视频无法通过平台审核。原来在商品发售时，短视频的标签设为了"广东桂味荔枝全网最新鲜"。"全网最新鲜"的使用，违反了《中华人民共和国广告法》，从而导致了该带货视频无法通过审核。

案例讨论：

1. 在本案例中，第二年带货短视频无法通过审核的原因是什么？

2. 由于短视频的标签设定违规，而导致带货短视频被迫下架，给你带来了哪些启发？

练一练

请对比分析抖音、快手及小红书平台短视频发布的内容审核机制有哪些共同点和不同点，把整理结果记录在文档中进行保存。文件以"班级+学号+姓名"的方式命名后，在线上进行提交。

活动二　正式发布短视频

活动描述

林凯经过调研，了解了主流短视频平台的上传发布要求后，准备按照计划的发布时间和更新频率，正式发布书包产品推广短视频。林凯选择抖音平台作为本次发布的主要平台，于是他登录抖音平台想要了解该平台短视频发布的方法。

活动实施

步骤一： 利用电脑端抖音创作服务平台直接发布短视频。

1. 访问电脑端抖音创作服务平台，将所要发布的短视频拖拽到上传区域，如图 5-1-4 所示。

图 5-1-4　视频上传页面

2. 在电脑端抖音创作服务平台，设置发布页面。

　　上传完毕，进入发布设置页面，如图 5-1-5 所示，完成短视频标题、封面、添加章节、添加标签、视频分类、输入热点词、合集选择是否同步到其他平台、是否允许他人保存、发布范围和发布时间等设置。设置完毕后，点击页面最下方的红色"发布"按钮，即可完成短视频的发布操作。

图 5-1-5　电脑端短视频的发布设置页面

步骤二：利用手机端抖音的创作灵感发布短视频。

个主题和话题都具有高热度、高使用率和高搜索率。系统算法为其中的话题和热点打上了不同垂类的强属性标签，在这样的强属性主题下发布的视频，更容易让算法识别到视频主题、做垂直归类，并更好地推送给精准的用户。

1. 打开抖音 App，在搜索框中输入"创作灵感"4个字，点击"搜索"按钮，进入创作灵感主页，如图 5-1-6 所示。

2. 在搜索框中输入关键字"书包"，系统则会显示与"书包"相关的创作灵感，如图 5-1-7 所示。

图 5-1-6 创作灵感主页

图 5-1-7 与"书包"相关的创作灵感

3. 在这些创作灵感主题里找到和你的视频内容有强关联性的主题，并且该主题的搜索热度指数为上升趋势。进入后点击"立即拍摄"按钮，如图 5-1-8 所示，在"相册"中选中提前制作好的视频。

4. 添加视频后，在点击"下一步"按钮发布前，选择"贴图"→"#话题"项，如图 5-1-9 所示。输入刚刚选中的创作灵感主题"初中生书包推荐"，如图 5-1-10 所示。移动摆放好位置后，再次点击贴图添加"#话题"填加上你的视频主题内容。如有需要还可以在页面上方选择添加热门音乐，如图 5-1-9 所示。

5. 在视频中添加话题后点击"下一步"按钮，进入短视频发布页面。在视频发布页面填写好标题后，点击添加话题，把刚刚添加在视频页面上的热度话题和你的作品主题都添加上。在完成其他相关设置后，点击"发布"按钮即可，如图 5-1-11 所示。

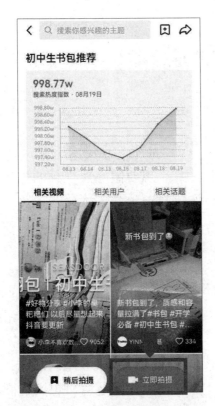

图 5-1-8　参与相关主题

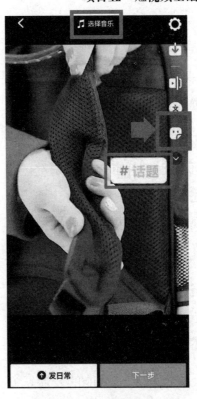

图 5-1-9　点击贴图

图 5-1-10　添加话题

图 5-1-11　完成发布设置

练一练

　　请登录抖音 App 创作灵感页面,完成本小组所拍摄的书包产品推广短视频的发布工作,为视频选择合适的主题活动,添加热点标签并完成相关的发布设定。

微课学习

　　请扫码观看微课《如何利用热点话题发布短视频》,记录下发布步骤,同时尝试利用热点话题进行短视频的发布操作。

任务二　短视频推广

【任务导入】

林凯已经制作完成了广州捷维皮具有限公司的书包产品推广短视频，接下来应如何进行推广呢？林凯向工作室的李经理请教，李经理告诉林凯，想要做好短视频的推广，光有内容是不够的，还必须配合有效的运营推广，才能打造出热门短视频。李经理还说，首先要了解各个平台短视频的推广机制，其次要了解各个平台的广告投放机制。林凯深受启发，于是赶紧通过网络资料等着手了解相关知识。

活动一　认识推荐算法和推荐机制

活动描述

得益于大数据和人工智能的发展，打开淘宝，首页展示的都是用户想买的商品；打开抖音，出现的也都是用户感兴趣的内容。这些平台似乎比用户更加知道他们想要什么。那么这些精准匹配的背后是什么原理呢？接下来，林凯打算了解短视频的推荐算法和推荐机制，为短视频推广做好准备。

活动实施

步骤一：认识抖音短视频的推荐算法。

学一学

简单来说，推荐算法就是利用用户的一些行为，通过一定步骤和数学计算，推测出用户可能感兴趣或需要的东西，然后推荐给用户。推荐系统本质上是一个信息过滤系统，从海量信息中选择对用户有用的信息。

关于抖音短视频的推荐算法，需了解以下内容。

（1）用户画像。系统会根据用户基本属性（如性别、年龄、学历等）或兴趣爱好等（如娱乐、体育、科技等数据信息），给定相关的标签。

（2）内容画像。系统会对短视频的内容特点进行分析，给各类内容打上相关的标签。

（3）用户与内容匹配。完成用户标签和内容标签之后，系统会依据用户画像和内容画像，在内容池中匹配出用户喜欢的内容，然后推送给用户。

（4）排序。面对海量用户和内容，以及用户喜好的不断变化，系统会对内容进行排序，以保证推送的内容更加符合用户喜好。

访问百度搜索引擎，输入关键字"抖音与小红书推荐算法的相同点和不同点"，进行调研，填写表 5-2-1，并在班级内进行分享。

表 5-2-1　抖音与小红书推荐算法的相同点和不同点

平　台	推荐算法的相同点	推荐算法的不同点
抖音		
小红书		

步骤二：认识抖音短视频的推荐机制。

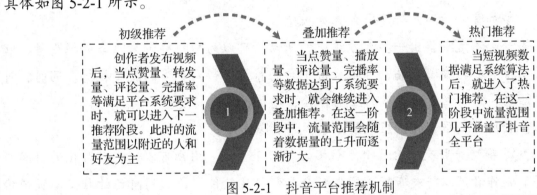

学一学

目前，各大短视频平台的推荐机制都大同小异，以抖音为例，其推荐机制分为三级，具体如图 5-2-1 所示。

图 5-2-1　抖音平台推荐机制

访问百度搜索引擎，输入关键字"微信视频号与抖音推荐机制的区别"，进行学习、归纳和总结，填写表 5-2-2，并在班级内进行分享。

表 5-2-2　微信视频号与抖音推荐机制的区别

微信视频号与抖音推荐机制的区别	

想一想

决定抖音短视频被系统推荐的 4 个核心数据指标是什么？

活动二　短视频推广

**活动描述**

　　了解了短视频的推荐算法和推荐机制后，林凯将要为本次书包产品短视频选择合适的推广方式。

**活动实施**

学一学

短视频的推广技巧

　　技巧一：在多平台建立账号，同步发布短视频。

　　利用多个平台同步发布短视频，有利于增加短视频的曝光量及粉丝的关注数。例如，在抖音注册了账号"快嘴小罗"，同时可以在西瓜视频、腾讯微视、快手等平台注册这一账号，并进行同步视频发布。这样该视频账号就有 4 个流量来源，并且这 4 个平台要注意保持定位一致，保持内容的垂直性，以此加强在用户脑海中的印象。

　　技巧二：参加官方活动，巧用平台流量扶持。

　　短视频平台会不定期推出一些官方组织的活动，可以为短视频带来更多的曝光量。官方活动的互动性和参与度都较高，可以获得平台的推荐，得到更多的流量扶持。同时，可以通过这些活动，给粉丝带来更多的互动体验，增加粉丝的转发量。

　　技巧三：利用社交平台进行短视频分享，增加曝光量。

　　微信、QQ、微博等社交平台已全方位渗入了日常生活，用户可以利用碎片化的时间随时进行浏览。创作者可以将发布好的短视频分享到社交软件上，利用自己的社交圈进行推广，并通过与好友互动评论来增加曝光量，进而增加系统的推荐量。

　　技巧四：利用贴吧、知乎、论坛等进行分享，增加互动。

　　贴吧、知乎、论坛往往聚集了有相同爱好的人群，将短视频发到与视频内容相关的贴吧、知乎或者论坛上，也能给账号引流，增加短视频的影响力和播放量。要注意的是在论坛进行推广时，要选择有影响力或者代表性的论坛进行分享。

　　技巧五：利用社群推广短视频。

　　社群可以简单理解为一个群，群内成员基于一个或多个相似特征（如爱好、身份、需求等）聚合在一起。在新媒体日益发展的当下，人数众多、活跃度高的社群已成为营销推广的重地。尤其选择与短视频内容相契合的社群，更有益于短视频账号的引流。例如，在美食交流群分享主题内容为美食的短视频，在车友群分享主题内容为汽车的短视频，这样更容易增加短视频的曝光量。值得注意的是，在进行社群推广时，要注意避免言论不当或广告意图过于明显而导致他人反感。以 QQ 群为例，如图 5-2-2 所示，可以分三步进行视频推广。

图 5-2-2　QQ 群视频推广步骤

技巧六：利用评论区，与粉丝互动涨粉。

在短视频的运营初期和推广增长期，尽可能回复粉丝留言，能够拉近与粉丝之间的距离。同时可以引导粉丝进行互动，例如，可以在短视频里提问"什么样的书包才是好书包呢？"，若粉丝对这个话题感兴趣，就会进行评论，潜移默化之间也起到了留粉的作用。

此外，在相同领域的大号下评论，也会有意想不到的收获。行业大号具有流量大的特点，当大号发布了新视频时，可以在第一时间对其进行评论，因为第一时间发布的评论会被展示在评论区前面，有利于增加账号曝光量。值得注意的是，仅是发布"点赞""好""优秀"这样的评论是无效的。发表怎样的评论才有吸引力呢？风趣幽默、观点独到或评论内容专业等，都可能达到引流和吸粉的目的。

技巧七：与其他短视频账号合作，互相推荐。

账号之间互相转发推送短视频也是一种常用的推广方式，尤其是利用大号推荐小号这一方法操作简单高效。但值得注意的是，借助其他账号引流时，用户群体应该大致相同，这样才能获得最大的收益。如，相较于汽车类短视频，美妆类短视频与服装搭配类的目标用户更为接近，这样带来有效用户的可能性也会更大。

技巧八：借助实时热点话题。

实时热点话题自带高流量和关注度，非常容易引起用户的关注和讨论。例如，吉列为了推广品牌，围绕父亲节这一热点，制作了以"这个父亲节，去请教父亲吧"为主题的短视频，得到了广泛的关注。但是借助热点话题时要注意，不能硬追热点，要考虑自己的短视频与热点是否有关联性。

为了完成本次书包产品短视频的推广，林凯选择利用一键分发平台在多个平台进行发布，利用社交平台分享提升流量，参加官方活动获取流量支持，同时运用平台的付费推广工具进行引流。

步骤一：利用一键分发平台，将短视频发布到多个平台上，以获得更多曝光量。

一键分发平台是批量管理账号和发布内容的集成性平台。常用的一键分发平台有蚁小二、微小宝、简媒、易撰、乐观号、易媒助手等。

1. 以蚁小二为例，进入管理中心，点击"添加账号"按钮，在蚁小二中绑定所有需要发布短视频的平台账号，如图 5-2-3 所示。

图 5-2-3　蚁小二添加账号页面

2. 点击"一键发布"按钮，在页面栏左侧选择"横版短视频"或"竖版小视频"项，点击"导入视频"按钮，上传制作好的短视频，如图 5-2-4 所示。

图 5-2-4　蚁小二导入视频页面

3. 点击视频下方的"一键设置"按钮，完成视频封面、简介、发布时间等的设置，同时在页面右边进行发布账号的选择和添加。设置完毕后，点击"发布"即可，如图 5-2-5 所示。

步骤二： 利用社交平台进行分享。

通过微信朋友圈、微信公众号、QQ 群、微博进行短视频的推广，也是重要的引流手段。以微信朋友圈为例，可直接发布 30 秒以内的短视频。如果长于 30 秒，那么可以通过个人视频号发布后，再转发到朋友圈进行分享。具体步骤操作如下。

1. 进入微信"我"的个人主页面，点击"视频号"按钮，如图 5-2-6 所示。进入"视频号"页面后点击"发表视频"按钮，如图 5-2-7 所示。点击"拍摄"或者"从相册选择"按钮查找已经制作好的视频，如图 5-2-8 所示。

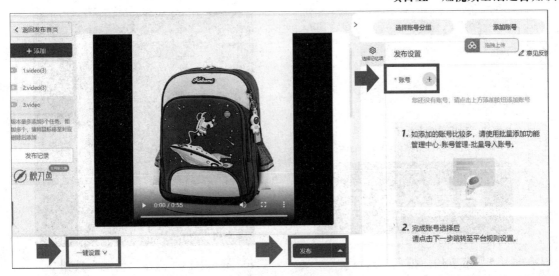

图 5-2-5　蚁小二发布视频页面

图 5-2-6　点击"视频号"按钮　　图 5-2-7　点击"发表视频"按钮　　图 5-2-8　选择视频路径

2．选择需要发布的短视频，依次设定好封面、标题等后点击"发表"按钮，如图 5-2-9 所示。发布完毕后，在视频右下角点击"分享"按钮，如图 5-2-10 所示。然后，点击"分享到朋友圈"按钮即可，如图 5-2-11 所示。

图 5-2-9　点击"发表"按钮　　图 5-2-10　点击"分享"按钮　　图 5-2-11　点击"分享到朋友圈"按钮

步骤三： 参与官方活动，利用官方流量推广。

1．打开抖音 App，在视频播放页面，搜索"热点宝"，如图 5-2-12 所示，点击"抖音热点宝"按钮进入官方活动页面。在官方活动页面点击下方的"活动"按钮，如图 5-2-13 所示，可以浏览近期抖音官方推出了哪些活动。

图 5-2-12　搜索"热点宝"

图 5-2-13　点击"活动"按钮

2．在活动页面浏览不同主题的活动，点击查阅活动介绍、投稿详情等，确保视频内容与活动主题相关，选择合适的活动，点击"参与投稿"按钮，如图 5-2-14 所示。进入投稿页面后，点击"红色按钮"进行拍摄，如图 5-2-15 所示，或者从相册中选择已经提前录制好的视频，完成发布即可。

图 5-2-14　点击"参与投稿"按钮

图 5-2-15　点击"快拍"按钮

【案例展示 5-2-1】

热点可蹭，但要坚守道德底线

在流量为王的时代，为了流量摆拍或蹭热点的短视频层出不穷。

奥运冠军全红婵走红后，一大批自媒体从业者蜂拥而至蹲守在她家门口，或录制视频或进行直播，严重打扰了全红婵的家人。

2021 年，15 头大象从云南西双版纳出发，开展了一场长达 400 千米的迁徙，在网络上备受关注。而有的自媒体从业者不顾工作人员劝导，私自到管控区域跟踪大象的足迹，在镜头前捡大象踩碎的菠萝吃，嘴里念叨着各种夸张的台词，赚足了噱头。而这些无底线蹭热点的行为，也引起了广大网友的反感。

蹭热点本无可厚非，但也要有基本的是非观念，不能侵犯他人利益，不能违背公序良俗，更不可损害公共利益。自媒体从业者想要长远发展，增加粉丝量，不能仅靠蹭热点来吸人眼球，还要坚持道德底线，恪守公序良俗，遵守媒体的基本操守，不传谣、造谣，不涉黄、涉暴，不恶意引导，不违反国家的相关法律法规。要把流量的获取和变现，落点于优质的内容上。

案例讨论： 作为短视频行业从业者，在蹭热点的时候需要坚守哪些原则和底线？

练一练

请以小组为单位进行讨论，本次发布的企业书包产品推广短视频，你们小组将选择哪些推广方式且如何进行推广呢？请把讨论结果整理后记录在文档中进行保存，文件以"班级+学号+姓名"的方式命名后，在线上进行提交。

步骤四： 运用平台的付费推广工具，进行短视频推广。

学一学

各大短视频平台都有自己的付费推广服务，如 B 站的商业起飞、快手的粉丝头条、小红书的薯条等。DOU+是抖音的付费推广服务，它是为创作者提供的视频"加热"工具。当创作者将短视频投放到 DOU+后，系统会将短视频推送给更多的人，能高效提升视频播放量与互动量，增强曝光效果。

DOU+的投放方式分为套餐投放和自定义推广。

（1）套餐投放：系统将根据选择的套餐实时预估转化数，进行短视频快速推流。

（2）自定义推广：又包含系统智能投放和自定义定向投放两种方式。

系统智能投放：系统根据内容和账号定位，由系统进行智能投放。例如，投放 DOU+的短视频是美妆类的，那么系统将根据算法把视频推送给经常观看美妆类视频的用户。

自定义定向投放：创作者自行选择投放人群、性别、地域、兴趣等。如果创作者有明确的用户画像，可以选择这一投放方式。例如，用户画像是广东广州年龄在 40 岁左右的女性，就可以选择自定义投放模式进行精准投放。其中，创作者可以选择达人相似粉丝，指定抖音达人账号，将短视频推送给这些账号的粉丝。例如，创作者是美妆类的，那么创作者可以选择投放给抖音上美妆达人大号的粉丝，这样相似的用户画像，也能带来精准引流的效果。

在了解了 DOU+的不同投放方式后，林凯开始进行投放。

1. 打开抖音发布的视频，点击右下角的"···"按钮，如图 5-2-16 所示。选择"DOU+上热门"，如图 5-2-17 所示。

2. 依据 DOU+的不同投放方式，DOU+的投放页面分为套餐投放和自定义推广，如图 5-2-18 和图 5-2-19 所示。林凯选择了自定义定向投放，再依次选择了投放时长、性别、年龄、地域、兴趣标签、投放金额等信息后，进行了支付。

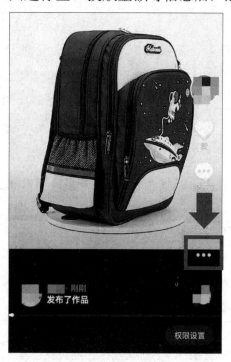

图 5-2-16　抖音视频主页面

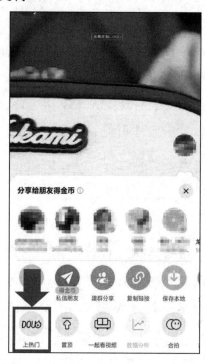

图 5-2-17　选择"DOU+上热门"按钮

图 5-2-18　DOU+推荐套餐支付页面

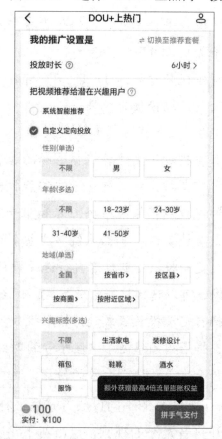

图 5-2-19　DOU+自定义定向支付页面

3. 投放设置成功后，等待审核通过即可。可以选择"我"→"右上角菜单栏"→"更多功能"→"DOU+上热门"查看投放记录和投放效果。

【案例展示 5-2-2】

蜜芽的 DOU+投放

母婴类视频账号"蜜芽 Mia"，制作了一则《萌娃拍照指南》（如图 5-2-20 所示）短视频。它在 DOU+投放了 100 元广告费，按照系统智能推荐方式，以粉丝增长为投放目标，希望吸引妈妈群体关注账号。最终它获得了 9.94%增粉点击率、2.6 万点击率、68 个评论数和 112 个转发数。

图 5-2-20 《萌娃拍照指南》短视频

练一练

请以小组为单位进行讨论，决定本次企业书包推广短视频的 DOU+投放方式，并对投放主页面进行设定。DOU+和快手粉丝头条的推广投放主要有哪些区别？请把分析结果整理后记录在文档中进行保存，文件以"班级+学号+姓名"的方式命名后，在线上进行提交。

任务三　短视频作品数据收集与分析

【任务导入】

广州捷维皮具有限公司的书包产品推广短视频线上发布后，林凯想准确判断和了解本次短视频的推广效果。他希望收集本次短视频作品的相关数据，进行分析和判断，从而为调整和优化后续短视频的运营策略提供科学的依据。

活动一　开通数据中心功能

活动描述

短视频发布后，在后边的每个运营环节中，林凯都要用数据来进行问题分析及效果预估。通过专业的数据分析，可以了解自己短视频的运营状况，从而根据数据分析结果调整和优化运营策略。为此，他需要开通抖音平台的数据中心功能，通过此功能收集相关数据资料。

活动实施

学一学

抖音平台的数据中心功能开通后可全面了解每日账号总揽、数据全景、作品数据、粉丝数据等，纵向对比每日账号成长。

步骤一：进入个人主页。

打开抖音 App，点击页面最下方"我"按钮，进入个人主页，如图 5-3-1 所示。

步骤二：进入抖音创作者中心。

点击个人主页右上角的三横按钮，在弹出的页面中点击"抖音创作者中心"按钮，如图 5-3-2 所示。

图 5-3-1　个人主页　　　　　图 5-3-2　点击"抖音创作者中心"按钮

步骤三：进入"我的服务"页面。

进入创作者服务中心后，点击"全部"按钮进入"我的服务"页面，如图 5-3-3 所示。

步骤四：点击"数据中心"按钮。

进入"我的服务"页面后，点击"开通数据看板能力"按钮，即开通了数据查看功能。如图 5-3-4 所示，最后点击"数据中心"按钮进入之后页面即可查看相关数据。

练一练

请分别对快手、小红书及哔哩哔哩平台进行探究，了解其后台数据的查看方法，并进行数据查阅。

图 5-3-3　进入"我的服务"页面

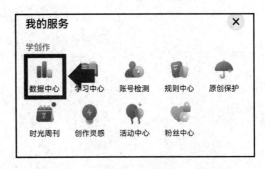
图 5-3-4　点击"数据中心"按钮

活动二　账号核心数据收集与分析

活动描述

开通数据看板能力后，林凯了解了抖音常用的短视频账号数据分析指标。他希望进一步了解这些数据的意义，并且通过收集和分析这些数据，不断调整短视频账号整体的运营策略。

活动实施

步骤一：进入"数据中心"页面。在抖音创作者中心，点击"数据中心"按钮，进入"数据中心"页面，如图 5-3-4 所示。

步骤二：查看账号诊断类数据。

学一学

通过账号诊断类数据可以分析账号的流量问题，包含如下内容。

（1）投稿数：根据统计周期内发布的作品个数得出。

（2）互动指数：作品的观看、点赞、评论、转发的综合得分。

（3）播放量：作品被观看的次数。

（4）完播率：作品完整播放次数的占比。每日完播率指当日完播浏览量与总浏览量的比值。

（5）粉丝净增：账号净增粉丝数，通过涨粉数减去掉粉数得出。

如图 5-3-5 所示，蓝色线条框是指同类账号的数据，红色线条框是指自己账号的数据。通过对比分析图，可以看到近 7 日自己的账号与同类账号在播放量、完播率、粉丝净增、投稿数、互动指数方面存在的差异。从图 5-3-5 中可以看出，在播放量、完播率、粉丝净增和互动指数方面，该账号都优于同类账号；在投稿数方面，该账号弱于同类账号，因此这是需要优化的方向。如果自己的账号数据比同类账号数据好，那么系统会给本账号持续推流。反之，账号会缺少流量。

图 5-3-5 账号诊断类数据

步骤三：下拉数据中心页面，查看核心数据概览。

学一学

核心数据概览内容包含：流量分析数据、互动分析数据、粉丝分析数据等。

（1）作品搜索量：账号内所有作品在对应时间周期内因搜索带来的播放量。

（2）投稿数：根据统计周期内发布的作品个数得出。

（3）作品点赞量：作品获得点赞的次数。

（4）作品评论量：作品获得评论的次数。

（5）作品分享量：作品获得分享的次数。

（6）作品收藏量：作品获得收藏的次数。

（7）总粉丝：账号所有粉丝的总量。

（8）粉丝净增量：账号净增粉丝数，通过涨粉数减掉粉数得出。

如图 5-3-6 所示，在核心数据概览页面中可以看到，昨天、近七天以及近 30 天的流量分析数据、互动分析数据和粉丝分析数据。红色数据表示增长量，绿色数据表示下降量。在这个数据图中，绿色数据是需要优化的方向和具体内容。

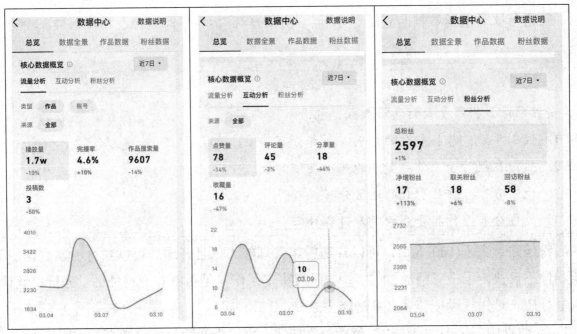

图 5-3-6　核心数据概览

步骤四：查看数据全景。

如图 5-3-7 所示，在"数据中心"页面，点击"数据全景"项，可进行账号数据全景的查阅与分析。数据全景可以全面展示账号的核心数据，包括作品、直播、收入等相关数据，还可以通过筛选，选择自定义检测指标（如图 5-3-8 所示）。通过数据全景，创作者可以调整涨粉方向、变现方向及账号内容和布局。

图 5-3-7　"数据全景"页面

图 5-3-8　自定义数据全景

步骤五：粉丝数据查阅与分析。在数据中心页面，点击"粉丝数据"按钮，如图 5-3-9

所示，可进行账号粉丝数据的查阅与分析，包含粉丝分析、粉丝画像、粉丝兴趣三个方面的数据。

当粉丝数量大于 100 人后，可以开通粉丝管理能力，且开通后可以获得粉丝数据服务。粉丝画像不仅决定了视频播放量的多少，而且决定了账号是否具有变现能力。分析粉丝模型，随时进行矫正是短视频创作者必备的能力之一。

1. 在数据中心页面，点击"粉丝数据"按钮，可以查阅粉丝变化数据。如图 5-3-9 所示，可以看到该账号 7 天内新增粉丝 21 位，回访粉丝 51 位，脱粉量 14 位，其中回访的粉丝越多，证明账号黏性越高。

2. 粉丝分析详细页面下拉，可以查阅粉丝的关注来源，如图 5-3-10 所示。通过这一数据可以了解粉丝的来源，通过何种方式关注账号，账号运营者可以通过这些数据去更好的吸粉，增加账号粉丝量。

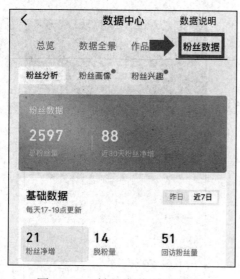

图 5-3-9　粉丝变化基础数据

图 5-3-10　粉丝的关注来源

3. 将粉丝的关注来源页面下拉，可以查阅粉丝的热门在线时段，创作者可以根据粉丝热门在线时段，选择作品合适的发布时间。如图 5-3-11 所示，数据显示"粉丝在 22—23 时段最活跃"。在这个时间发布作品，能让粉丝第一时间关注更新。

4. 点击"粉丝画像"项，首先可以查看粉丝特征中的粉丝性别，如图 5-3-12 所示，通过这一数据可以分析判断用户的性别特征是否和账号目标用户一致。例如做美妆、居家好物、母婴亲子类的账号就需要女性粉丝多。做体育汽车、体育之类的就需要男性粉丝多，而林凯所运营的书包类短视频账号的目标用户应为女性粉丝居多。此外，还可以通过粉丝画像查看粉丝年龄分布、粉丝主要分布城市（如图 5-3-13 所示）、粉丝设备使用、粉丝活跃度分布（如图 5-3-14 所示）等。其中，粉丝所在地人口消费偏好和产品定位有关，所在地的收入水平和商品价格定位区间有关。而设备分布图中排名前三位的设备代表了粉丝消费能力。

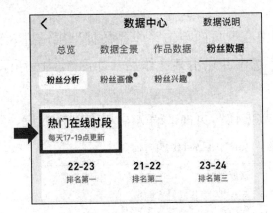

图 5-3-11　粉丝性别

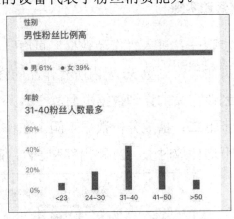

图 5-3-12　粉丝热门在线时段

图 5-3-13　粉丝地区分布

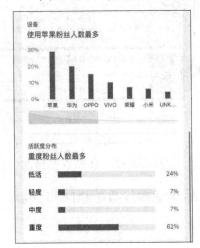

图 5-3-14　粉丝设备使用和活跃度分布

5. 在"粉丝数据"页面，点击"粉丝兴趣"项，可以查看粉丝的兴趣和全部粉丝常搜的关键词。创作者可以根据此内容调整自己的作品创作方向和创作内容。

活动三　作品核心数据收集与分析

📅 活动描述

林凯通过平台的数据中心，了解了账号总体的核心数据如何收集与分析，他还想知道每个作品的相关数据如何收集与分析，如何通过数据判断作品是否存在问题，明确调整的方向，从而去优化不足的地方，实现短视频作品效果最大化。

⚙️ 活动实施

步骤一：进入"作品数据"页面。在"数据中心"页面点击"作品数据"项，进入详细数据页面后，浏览 30 天内所有作品的详细数据，选中并点击某一作品（如图 5-3-15 所示），进入到该作品的详细数据页面。

步骤二：播放分析数据查阅。在作品的播放数据详情页面，首先可以看到播放量、完播率、平均播放时长、2s 跳出率和 5s 完播率等数据，如图 5-3-16 所示。

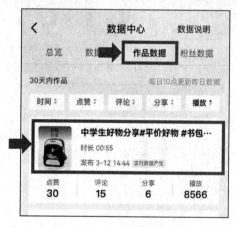

图 5-3-15　详细数据页面

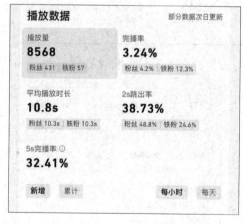

图 5-3-16　作品详细数据

1. 作品详细播放数据查阅与分析。

（2）完播率：作品播放后完整播完的播放量/总播放量。

（3）平均播放时长：视频被播放的平均时长。

（4）2s跳出率：作品播放后2s内跳出的播放量/总播放量。

（5）5s完播率：作品播放后超过5s的播放量/总播放量。

首先，需要关注平均播放时长，一般达到总时长的40%就属于比较优秀的数据。其次，当视频的2s跳出率高于60%的及格线时，说明观众不爱看该作品，平台不会给予更多的曝光。反之，当作品2s跳出率低于40%，作品通常会得到更多的流量。此外，5s完播率也是关注要点，通常情况下其数值达到50%以上的作品为相对优秀，40%以上的作品为不错，30%以上的作品为合格。2s完播率、5s完播率过低，说明作品对用户没有吸引力，创作者需要优化视频的前几秒内容，使其更加具有吸引力。最后，需要关注整体完播率，通常情况下其数值如果低于30%，则说明内容结构需要调整。如果整体完播率过低说明受众对视频整体的内容不感兴趣，除了要优化开头的内容，视频整体的内容、结构、文案也需要优化。

如图5-3-15和图5-3-16所示，该作品时长55s，平均播放时长10.8s，距离总时长的40%还具有一定差距。此外，该视频的5s完播率数据为32.41%，达到了合格标准，但整体完播率只有3.24%，说明该视频在内容、结构、文案方面整体都需要改进，尤其是在前5s要想尽各种办法吸引观众。

2. 将作品的播放分析页面下拉，可以查阅视频跳出分析。

如图5-3-17所示，在"视频跳出分析"页面中，点击"时段分析"项，数据显示该视频在第2秒刷走的受众最多，因此应该设计一个更吸引受众的开头。如图5-3-18所示，在"视频跳出分析"页面中，点击"时长分布"项，黄色曲线代表账号的作品数据，蓝色曲线代表同时长同类作品的数据。如果黄线一直在蓝线下方，说明作品数据一般，推流也会慢慢减少，反之，如果黄线在蓝线上方，说明作品数据不错，系统会持续推流。

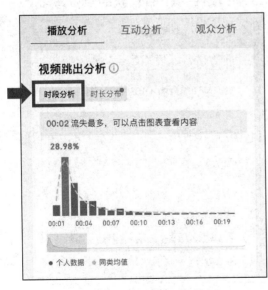

图5-3-17 播放分析数据

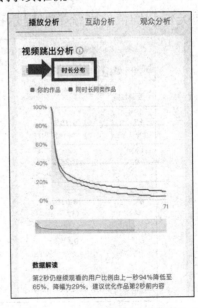

图5-3-18 播放分析数据

步骤三：查看互动分析数据。在"数据详情"页面，点击"互动分析"项（如图 5-3-19），查阅作品的互动分析数据。

学一学

互动数据越好，越能够给作品带来更多的播放量。互动分析数据包括作品点赞量、分享量、评论量、收藏量和下载量等。

通过以上数据可以计算出以下几个核心分析指标。

（1）评论率：评论率=评论量/播放量。评论互动越多，越容易提升播放量，评论率如果小于 0.4%，则表明短视频作品没有和观众产生共鸣，视频创作者除了对内容结构进行调整外，还可以在视频里添加一些引导评论的台词，例如"你认为书包最重要的功能是轻便还是护脊？"。

（2）转发率：转发率=分享量/播放量。转发率所占权重较大，其核心关键点在于短视频的内容能够带给观众什么价值，如果转发率小于 0.3%，则表明短视频的可看性和价值点较低，需要从内容结构上进行优化。

除了以上两个核心指标外，点赞率也是互动分析指标中的重要组成部分。如果点赞率为 3%以上，则说明互动数据不错。

1. 查看互动数据。

如图 5-3-19 所示，该作品的评论量为 15，点赞量为 30，分享量为 6，在播放量为 8568 的情况下，通过计算得出评论率为 0.175%，点赞率为 0.35%，分享率为 0.07%。通过数据可以分析出，该作品的评论率、点赞率和分享率都偏低，建议从视频的可看性、价值点和结构方面进行优化。

2. 将"互动数据"页面下拉，查看视频点赞分析。

如图 5-3-20 所示，在点赞时间分布趋势图中，蓝色曲线代表本账号作品数据，黄色曲线代表同类作品均值。系统数据提示在 01:20—01:35 时段内，作品收获的点赞最多。

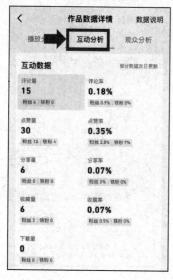

图 5-3-19　互动分析数据

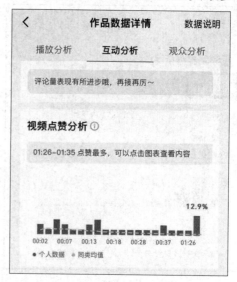

图 5-3-20　查看视频点赞分析

学一学

作品点赞时间分布是指在作品播放过程中每秒点赞作品数量占所有观看用户的比例。观众为什么不给视频点赞？是困扰很多视频创作者的问题，想要搞清楚这个问题，可以进行视频点赞分析。点赞率=点赞量/播放量，在抖音上，一般热门视频的点赞率都在3%以上，点赞率越高，代表视频越容易上热门；如果点赞率很低则说明视频在内容设计方面出现了问题，需要创作者对视频内容进行优化，判断视频中是否包含对用户产生实际价值的内容。点赞率不高还有可能是因为创作者缺少了用户思维，没有从用户角度进行视频创作。

通过点赞时间分布趋势图还可以看到观众对短视频中的哪一句话产生了认同感，而进行了点赞，视频创作者可以记住观众的这一点赞动机，并进行分析和记录，以便在以后的视频创作中可以再次借鉴。

步骤四：查看该作品观众分析数据。

点击"观众分析"项，在"观众数据"页面可以看到观众基础数据（如图5-3-21所示），包括吸粉量、脱粉量、脱粉率等。在"观众特征总结"页面可以查看观众画像（如图5-3-22所示），包括观众性别、年龄、区域、等数据，创作者可以据此确定账号的粉丝定位是否精准。同时还可以查看观众热门评论词等数据，以便与粉丝进行更好的互动。

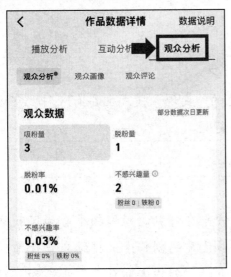

图5-3-21　"观众数据"页面

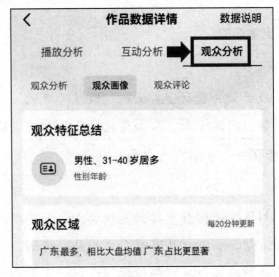

图5-3-22　"观众特征总结"页面

练一练

请进入本小组所运营的短视频账号数据中心，对该账号的某一作品进行详细的数据收集和分析，完成播放分析、互动分析及观众分析。请把整理结果记录在文档中，进行保存后以"班级+学号+姓名"的方式命名，并在线上进行提交。

任务四　短视频盈利模式

【任务导入】

学校的美景视觉创意工作室目前为合作企业广州捷维皮具有限公司制作了一系列的产品推广短视频，每完成一个短视频就可以获得一定的报酬，如果推广效果好，那么可以获得一定的提成，这是工作室目前的盈利模式。林凯在想：短视频还可以通过什么方式盈利呢？李经理建议林凯进行网络调研，了解目前行业内短视频的盈利模式有哪些，以便于为工作室开发更多的盈利业务。

活动一　认识常见的短视频盈利模式

活动描述

各大短视频平台无时无刻不在产生巨大的流量，有流量的地方就存在市场，因此变现成为了创作者们关注的一大核心议题。林凯根据李经理的建议，通过网络调研的方式来了解目前短视频行业常见的盈利模式。

活动实施

> **学一学**
>
> 短视频的盈利模式又称"短视频变现"，目前常见的"变现"模式主要有5种：官方平台补贴、内容变现、广告变现、产品带货变现、直播变现。

步骤一：了解官方平台补贴方式。

> **学一学**
>
> 创作短视频最直接的盈利模式就是获取短视频官方平台补贴。短视频平台为了获取更多的流量，会制订具有吸引力的补贴计划，以吸引更多优质的创作者，持续生产优质的原创短视频内容。当这些短视频达到一定观看量和点赞量时，创作者即可获取平台的补贴，如现金奖励、流量扶持，还有各种平台认证的优先权等。
>
> 例如，企鹅号推出的"TOP 星计划"，给予 50 亿+内容创作基金、100 亿+内容全平台日流量，用于吸引和补贴潜力型创作者；哔哩哔哩平台推出的"Vlog 星计划"，给予全年 500 亿次曝光的流量扶持、每月 100 万元专项 Vlog 奖金等，用于吸引平台内的 Vlogger。这些都是扶持创作者发布优质短视频内容的官方平台补贴计划。
>
> 在不同的阶段，各大平台也会给予不同的补贴计划。平台初期会通过补贴培养创作者，因为此阶段需要更多的内容来吸引用户；中期会根据需要通过补贴不同的内容创作者来筛选内容特色，并不会全平台扶持；后期会鼓励冷门品类，为战略规划输送人才等。

请利用网络进行调研，尝试找到更多的官方平台补贴计划，填写表 5-4-1。填写完成后，在班级内进行分享。

表 5-4-1 官方平台补贴调研表

平　台	补 贴 计 划	补 贴 对 象	补 贴 措 施

步骤二：了解内容变现方式。

学一学

内容变现是指能够直接通过内容进行变现的方式，短视频大多具有知识含量，这种盈利模式也被称为"知识付费"。一些经验丰富的创作者将自己的技能梳理成系统视频，创作一些知识分享型的短视频，吸引感兴趣的用户，若用户想要深入学习可以对后续内容进行付费。典型的案例，如达人在抖音平台分享英语考证课程，而若想解锁后续课程需要支付一定的费用；还有微信朋友圈广告，如摄影课程以短视频（微课）的形式进行付费观看学习，如图 5-4-1 所示。

图 5-4-1 微信朋友圈广告

目前，有越来越多的用户愿意为知识分享型短视频买单，因此涌现出众多的知识付费型平台，如"得到 App""千聊 App""头条付费专栏"等。请进行网络调研，查找需要付费的短视频，填写表 5-4-2。

表 5-4-2 内容变现调研表

平　台	课　程　内　容	费　　用	视　频　数　量

步骤三：了解广告变现方式。

学一学

当创作者有了一定的粉丝量和播放量时，可以通过官方广告平台或者第三方广告平台，对接品牌商合作，围绕产品进行创作。例如，分享产品消费或使用经验，在某一领域发布一些产品的测评短视频，这些根据商家要求制作的带有广告性质的短视频，商家会给予一定的报酬，从而达到变现的目的。该变现方式门槛相对更高，平台方和广告主一般都会对创作者在粉丝量、播放量、精准性方面有不同的要求。广告类短视频一般可以分为以下几种类型，如图 5-4-2 所示。

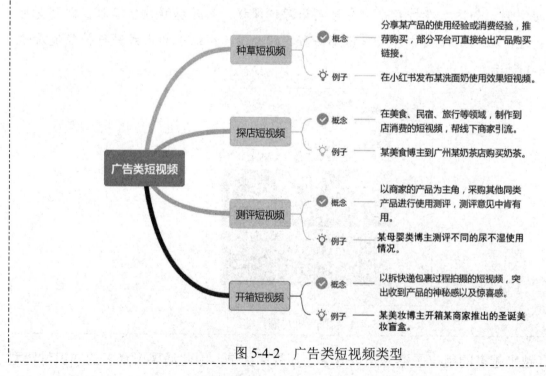

图 5-4-2 广告类短视频类型

请利用网络进行调研，查找不同类型的广告类短视频，填写表 5-4-3。填写完成后，在班级内进行分享。

表 5-4-3　广告类短视频调研表

类　型	平　台	账 号 名 称	推 广 产 品	短视频主要内容
种草短视频				
探店短视频				
测评短视频				
开箱短视频				

步骤四：了解产品带货变现方式。

学一学

目前，大部分的短视频平台，只要账号运营者进行了实名认证，通过了新手试运营期，积累了少量的粉丝基础，就可以申请开通商铺橱窗功能，如图 5-4-3 所示。利用短视频电商、内容电商进行产品带货，获得佣金或者盈利也是一种常态的变现方式，门槛相对较低。

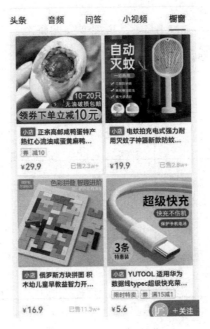

图 5-4-3　橱窗带货

产品带货变现方式基本分为以下两类。

（1）分销电商。这种方式非常适合个人、新手或者小团队的创作者，只需要找到符合粉丝需求的爆款产品，通过好物推荐、种草带货的方式进行内容生产即可，不需要承担生产、库存、物流等成本。

（2）自营电商。这种方式比较适合企业和大团队来运营，依据粉丝用户的需求分析和企业品牌诉求，来实现单品类或多品类的商品变现。自营电商不仅可以提升自身品牌的价值，而且盈利空间相对也会更高一些。

请利用网络进行调研，查找产品带货变现方式，填写表 5-4-4。填写完成后，在班级内进行分享。

表 5-4-4　产品带货变现调研表

类　型	平　台	账 号 名 称	推 广 产 品
分销电商			
自营电商			

步骤五：了解直播变现方式。

学一学

通过短视频打造个人 IP，吸引一定的粉丝，把短视频主角打造成某领域的达人。经过一段时间的粉丝积累后，可以采用直播的形式获得盈利。直播时，可以通过直播间打赏或直播带货，或者两者兼有，最终达到变现的目的。

请利用网络进行调研，查找抖音平台上月直播带货变现排行榜前五名，填写表 5-4-5。填写完成后，在班级内进行分享。

表 5-4-5　直播变现调研表

类　型	账 号 名 称	粉 丝 量	销 售 额
第一名			
第二名			
第三名			
第四名			
第五名			

【案例展示 5-4-1】

策马雪原走红，公益助农破亿

2020 年 12 月，一则女子身披红色斗篷，在冰天雪地中飒爽策马的短视频走红网络，该短视频累计获得 5.2 亿次点击量，近 900 万转发量。视频的主人公是时任新疆伊犁昭苏县人民政府副县长的贺娇龙女士。当年受疫情影响，当地出现了农产品滞销的问题，旅游业也遭受重创。当地政府随即开展各行各业的复工复产帮扶工作，并组织主播参与开展直播电商带货的工作。在此背景下，贺娇龙女士走上了短视频直播公益助农的道路。镜头前的她，没有浓妆艳抹，没有夸张的辞藻，而是作为一名基层干部，用真实质朴的语言介绍着她的家乡。截至 2021 年，贺娇龙及其团队的短视频账号在全网粉丝量已突破 500 万人，作品点赞量达 2000 多万次，并帮助贫困企业带货已突破 1.4 亿元，带动直接就业人数 2000 多人，万余名老百姓实现了增收。伊犁直播电商的快速发展，推动了当地产业结构的调整，为乡村振兴注入了鲜活的力量。

案例讨论：

1. 本案例中，该短视频账号主要采取了什么盈利模式？
2. 该账号在公益助农道路上的成功给你带来了什么启发？

练一练

请以小组为单位开展讨论，想一想本小组所运营的短视频账号目前可以采用哪些方式进行账号盈利，并说明理由。讨论完毕后，请把结果整理记录在文档中，进行保存后，以"班级+学号+姓名"的方式命名，并在线上进行提交。

活动二　开通抖音商品橱窗与选品带货

活动描述

林凯通过网络调研，对常见的几种短视频盈利模式有了初步的认识。李经理告诉他，在抖音开通商品橱窗和进行选品带货是目前非常热门的短视频盈利模式，同时非常适合新手进行操作。因此，林凯希望进一步了解在抖音平台如何开通商品橱窗和进行选品带货。

活动实施

步骤一：申请带货权限。

在抖音 App 个人主页右上角点击三横图标，进入"抖音创作者中心"页面，如图 5-4-4 所示。然后，在创作者中心页面找到"我的服务"项，点击"电商带货"按钮，如图 5-4-5 所示。

图 5-4-4　点击"抖音创作者中心"按钮　　　图 5-4-5　点击"电商带货"按钮

步骤二：查看是否满足条件。

进入"电商带货"页面后，可以查看到自己是否满足带货条件，如图 5-4-6 所示。电商带货适合无货源的创作者，帮其他用户进行带货分享。如果你是自有货源的商家，可以点击"我是商家，想通过卖货赚钱"链接，在抖音直接开店，售卖自己店铺的商品。

步骤三：按照抖音要求进行认证申请。

抖音官方要求开通商品橱窗必须满足以下几个条件：公开发布视频数大于等于 10 条、抖音账号粉丝量超过 1000 人、已进行实名认证，以及缴纳 500 元作者保证金。按照要求开通商品橱窗、提交带货资质、开通收款账户后，就可以进行商品带货了，如图 5-4-7 所示。

图 5-4-6 查看是否满足带货权限

图 5-4-7 橱窗功能认证申请

步骤四：进入选品广场选择带货产品。

开通商品橱窗权限后，点击"选品广场"按钮（如图 5-4-8 所示），进入精选联盟平台。精选联盟平台是抖音官方的货源供应页面，提供了海量优质货源，创作者可以在选品广场选择符合自己粉丝画像的产品进行带货，如图 5-4-9 所示。

图 5-4-8 点击"选品广场"按钮

图 5-4-9 选择带货产品

步骤五：发布带货短视频。

将带货产品加入商品橱窗后，即可返回自己账号的短视频发布页面。点击"添加商品"按钮，在我的商品橱窗里找到在选品广场页面上选择的产品，如图 5-4-10 所示。输入推广标题后，点击"发布"按钮，一条完整的带货视频就制作完成了，如图 5-4-11 所示。

图 5-4-10　点击"添加商品"按钮

图 5-4-11　带货视频

练一练

请开展调研，选择三个主流短视频平台，调研它们是如何发布短视频带货链接的。调研完毕后，把操作步骤整理记录在文档中，进行保存后，以"班级+学号+姓名"的方式命名，并在线上进行提交。

**项目评价**

填写"项目完成情况效果评测表"，完成自评、互评和师评。

项目完成情况效果评测表

组别：　　　　　　　　　　　　　　　　　　　　　　　　　　　　　学生姓名：

项目名称	序　号	评测依据	满分分值	评价分数		
				自评	互评	师评
职业素养考核项目（40%）	1	具有责任意识、任务按时完成	10			
	2	全勤出席且无迟到早退现象	6			
	3	语言表达能力	6			
	4	积极参与课堂教学，具有创新意识和独立思考能力	6			
	5	团队合作中能有效地合作交流、协调工作	6			
	6	具备科学严谨、实事求是、耐心细致的工作态度	6			

项目名称	序 号		评测依据	满分分值	评价分数		
					自评	互评	师评
专业能力考核项目（60%）	7	短视频发布	了解各大短视频平台的定位、特点、上传规则和审核要求，熟悉短视频的发布步骤，能够完成标题关键词、发布标签和封面等发布内容设定	15			
	8	短视频推广	了解短视频平台的推荐算法和推荐机制，能够选择恰当的推广方法进行短视频推广	15			
	9	短视频作品数据收集与分析	熟悉短视频作品数据的收集方式和分析方法，能够对短视频作品进行准确的数据收集和分析	15			
	10	短视频盈利模式	熟悉各大短视频平台的盈利模式，能够利用平台的盈利规则实现视频盈利	15			
评价总分							
项目总评得分	自评（20%）+互评（20%）+师评（60%）=				得分		
本次项目总结及反思							

📋 项目检测

一、单选题

1. 以下哪个属于专营短视频的独立平台？（　　）

A．哔哩哔哩　　　　　B．优酷视频　　　　　C．微博　　　　　D．抖音

2. 以下哪种不属于DOU+的投放方式？（　　）

A．系统智能投放　　　　　　　　　B．无差别投放

C．自定义定向投放　　　　　　　　D．套餐投放

3. 以下哪项不属于抖音平台流量高峰时间？（　　）

A．上午 8:00　　　　B．中午 13:00　　　　C．下午 15:00　　　　D．晚上 21:00

4. 短视频盈利模式俗称（　　）。

A．短视频盈利方式　　　　　　　　B．短视频分红

C．短视频变现　　　　　　　　　　D．短视频赚钱

5. 创作者通过直播变现的方式盈利包括以下哪种方式？（　　）

A．平台补贴　　　　B．内容变现　　　　C．广告变现　　　　D．直播变现

二、多选题

1. 关于短视频的更新频率，以下哪项的说法是正确的？（　　）

A．建议以一天五条的更新频率进行短视频发布

B．保证一周最少不低于两条短视频的更新频率

C．一天发布的频次越多越好

D．建议以一天十条的更新频率进行短视频发布

E．建议以一天 1～2 条的更新频率进行短视频发布

2．短视频盈利模式包括以下哪几种？（　　　）

A．官方平台补贴　　　B．内容变现　　　C．广告变现　　　D．直播变现

3．广告类短视频可分为哪几种？（　　　）

A．种草短视频　　　B．探店短视频　　　C．分享短视频　　　D．测评短视频

三、简答题

1．请简述抖音的数据中心的功能。

2．请简述短视频的推广技巧有哪些。

四、实训任务

任务导入

"寻味某某"是一个本土美食类短视频账号。视频主要展现的是创作者去不同的地方品尝、测评美食的过程。近期该账号策划和制作完成了一组"打卡校园周边美味小店"的短视频，现在需要对制作完成的短视频进行发布和推广。

1．实训目的

通过本次企业任务，学生能够完成发布前的准备、明悉短视频发布的审核要求，能够以严谨、认真的工作态度，完成短视频的发布和推广工作。

2．实训任务条件

在前置学习任务中，各小组已经通过团队合作完成了"打卡校园周边美味小店"短视频的制作。

3．实训目标

（1）选择合适的发布平台。

（2）调整短视频发布的时长、大小、格式和分辨率，并确定好短视频的发布时间和更新频率。

（3）完成短视频的发布和推广。

4．任务分工

小组进行讨论，确定本次任务分工，并做好记录。

5．实训步骤

步骤一：选择平台。

小组讨论确定本次短视频发布选择的平台及理由。

步骤二：完成短视频发布前的准备。

依据本次所选择的发布平台的视频发布要求，调整本次制作的短视频发布的时长、大小、格式和分辨率。

步骤三：确定本次短视频发布的时间和更新频率并说明理由。

步骤四：进行相关设定并完成短视频的发布。

步骤五：进行短视频的推广。

项目六

短视频拍摄与制作实战

 【项目导入】

短视频让文物"活"起来

2022年5月,一则"故宫研究员说甄嬛穿错衣服了"的短视频登上热搜,在视频中故宫博物院研究员指出《甄嬛传》中甄嬛的服饰存在多处错误。而这一则来自故宫博物院官方抖音号@带你看故宫的短视频很快引发了网友的热议。

入驻抖音以来,抖音号"带你看故宫"已经积攒了百万粉丝。这里既有博物馆的四季美景,又有宫殿与器物背后的文史脉络。在5月18日国际博物馆日之际,抖音与故宫博物院推出"#抖来云逛馆"计划,助力故宫的藏品文物视频化,为公众呈现真实、准确、直观、生动的故宫历史文化。所有视频均由故宫博物院相关领域专业研究人员讲解,现已上线历史篇、陶瓷篇、钟表篇、服饰篇、珍宝篇五个合集,未来将覆盖故宫更多馆藏文物。几乎在每一条短视频的评论区都有来自网友"涨知识了""好想去现场看看"的评论。

抖音《2022博物馆数据报告》显示,故宫博物院相关视频获赞1.3亿次,位居抖音网友喜爱的博物馆第一名。同时,故宫相关内容直播达13179场,有3.2亿人次观看。众多网友沉溺于"足不出户,云游故宫"这一体验。

在国家强调传统文化领域的"双创"——创造性转化和创新性发展大背景下,专业的博物馆研究人员发挥出了"桥梁"作用,将多年的研究成果用年轻人喜闻乐见的方式呈现出来。通过短视频、网络直播等形式,让观众能够感受文物的厚度与温度,学到传统文化,增长见识,提升审美,进而理解、热爱中华优秀传统文化,最终从心底生出对中华文明的情感。

思考:1. 本案例中,视频号@带你看故宫在抖音平台推出了哪些内容的短视频?

2. 故宫博物院相关视频受欢迎的原因有哪些?

【项目目标】

知识目标：

1. 了解不同类别短视频的概念、区别。

2. 熟悉不同类别短视频文案和脚本的撰写方法。

3. 掌握不同类别短视频的布景和拍摄方法。

4. 熟悉短视频的剪辑和制作方法。

技能目标：

1. 能够依据不同类别的要求，编写短视频的文案和脚本。

2. 能够依据不同的拍摄需求，布置拍摄场景，选择合适的拍摄方法。

3. 能够依据不同的需求，对短视频进行剪辑和制作。

素养目标：

1. 弘扬中华文化，树立民族自豪感和文化自信心，坚定社会主义文化强国理念。

2. 培养学生遵纪守法、不虚假宣传、不弄虚作假的职业操守。

3. 培养学生创新精神和创新品质，树立原创意识和版权意识。

 【项目导图】

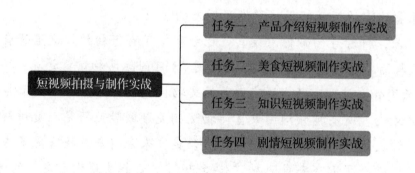

任务一　产品介绍短视频制作实战

【任务导入】

随着短视频行业的兴起，各大电商平台都要求入驻商家们以短视频的方式来对产品进行介绍。美景视觉创意工作室近期接到一个新的合作项目，为企业制作一款永生花产品介绍短视频，用以投放在淘宝、拼多多等平台，通过动态的形式来展示企业的商品。

活动一　产品介绍短视频的前期策划

活动描述

本次是为永生花拍摄产品介绍短视频。产品介绍类短视频的商业变现能力是最直接的。在开始执行任务前，林凯首先需要对淘宝、拼多多等平台的商家展示视频进行调研，了解类似产品的短视频呈现方式。在拍摄前，林凯还需要和产品提供方沟通相关产品信息并进行产品调研，确定产品的卖点。在此基础上，他要对永生花产品进行文案及脚本的编写。

活动实施

> ### 学一学
>
> 产品介绍短视频，顾名思义就是为介绍产品而拍摄的短视频。在众多品牌的商品首页或详情页都能看到这类视频。短视频短、平、快的节奏和结构化的表达，能够给消费者带来更直观的感受和更好的体验，从而提高商品购买转化率。
>
> 以淘宝为例，产品介绍短视频主要有以下两类。
>
> 商品展示型短视频：建议时长为 9～30 秒，以简明扼要的几个步骤告诉用户商品的卖点，内容以展示单品外观、功能等为主，可放在主图位置，商家可直接发布。
>
> 内容型短视频：建议时长在 3 分钟以内，在商品展示的基础上，融入情节、故事甚至演员的表演。这一类视频因时长较长，所以不能用于主图展示，多用于详情页、爱逛街、淘宝头条、淘部落、微淘等展示渠道。

步骤一： 了解淘宝主图短视频的规格要求。因展示位置的不同，淘宝产品介绍短视频的要求略有不同，以淘宝主图短视频为例。

访问百度搜索引擎，输入关键字"淘宝主图短视频的规格要求"，进行学习，并在表 6-1-1 中做好记录。

由于不同平台具有不同的发布要求，拍摄时尽量选择最高清晰度的拍摄方式，在视频制作完成后，再将其裁切或者压缩，并分别剪辑出 8 秒、15 秒、30 秒、60 秒时长的版本，以适应不同平台的发布要求。

表 6-1-1　淘宝主图短视频的规格要求

平　　台	分辨率要求	比 例 要 求	格式及时长要求
淘宝			

步骤二： 确定永生花产品的卖点。

在拍摄前，先要对产品进行全方位的了解，才能拍摄出优秀的作品。

1. 与产品的提供方沟通本次拍摄任务的商品资料。林凯通过与厂家沟通及查看厂家提供的背景资料 PPT（如图 6-1-1 所示），了解了产品的相关特点：花好月圆系列永生花产品为设计师原创设计、手工制作，精选厄瓜多尔玫瑰，安全环保，并且具备温馨夜灯的功能。同时，林凯还了解到该商品适用于情人节送礼、示爱表白、爱情纪念、生日礼物、婚礼庆典等场景。

图 6-1-1　厂家的产品介绍

2. 在网上对同类永生花产品开展进一步调研，查询同类产品的卖点。林凯登录淘宝网，搜索关键字"永生花"，点击产品介绍短视频及商品详情页，查询同类产品的卖点。

通过调研，林凯最终提炼出了该产品的 4 个卖点：爱情象征、原创设计、进口花材、温馨夜灯。

表 6-1-3　饮料的卖点

产　品　名　称	卖　　点

步骤三：编写产品介绍短视频的文案及脚本。

1. 编写产品介绍短视频的文案

学一学

文案决定视频内容，包括主题、故事和风格。商品文案，讲究以精炼的文字提取商品的卖点，并准确地传达给消费者。有了卖点后，就可以对商品文案进行编写了。

有的人认为好的文案一定要辞藻华丽，而实际上在电商平台，用户平均只花 10 秒的时间去观看一个商品的头图视频。在如此短暂的时间之下，好的文案更需要具备"易懂、形象、直接"的特点。在撰写文案时，要充分考虑消费者的使用需求和消费体验，最好能使消费者产生心理共鸣，使其切实感受到"这个信息正是我所需要的"。例如，永生花第四个卖点"温馨夜灯"，当消费者看到文案"温馨夜灯"时，往往会思考一下"温馨夜灯"的作用是什么。如果将文案改为"多档调节 LED 灯环，夜晚为爱温情守护"，那么消费者马上就能够明白温馨夜灯可以起到什么作用了。

林凯依据提炼出的几个卖点，确定该产品的完整文案为：①钟情于你，为爱绽放；②艺术品级原创设计，纯手工制作；③甄选厄瓜多尔玫瑰，120 道工序为爱长存；④多档调节 LED 灯环，夜晚为爱温情守护。确定好文案后，就可以开始脚本的编写了。

【案例展示 6-1-1】

坚守底线，别让短视频成为虚假广告宣传的"风口"

短视频产业的火爆，促使其成为行业的风口，为商家产品的宣传销售起到了极大的推动作用，但也成为虚假宣传广告的重灾区。近年来，奥利司他类药品虚假宣传广告，在各大网络平台泛滥。一些视频创作者无视药品的副作用，以夸张的故事情节肆意宣传"瘦脸瘦腿瘦肚子""一盒见效""完全无副作用"等虚假的产品卖点。2022 年 4 月，中央网信办、国家税务总局、国家市场监督管理总局联合开展了"清朗·整治网络直播、短视频领域乱象"专项行动。针对营销带货虚假宣传问题，明确提出从严打击直播、短视频"图文不符"、带货商品与实际货品不一致等虚假宣传行为；重点整治直播、短视频带货中对产品效果、交易数据、用户评价等进行夸大或造假行为；从严整治直播、短视频"全年最低价""史上最低价"等涉嫌价格欺诈行为。作为短视频的创作者，要坚守价值底线，在制作产品宣传短视频时，要遵守法律规范，杜绝虚假宣传，别让短视频成为虚假广告宣传的"风口"。

案例讨论：作为短视频的创作者，在短视频创作过程中要避免哪些违法乱纪行为？

2. 编写产品介绍短视频的脚本

在编写脚本之前，需要先构思一下整部短视频画面的感觉，该款永生花作为一个充满爱意的产品，整体可以营造出温馨浪漫的氛围。在第一个场景中可以设计一个这样的画面：桌面上，女孩看到一份送给她的礼物，带着好奇心，女孩将礼物——永生花从包装中取出。然后再根据文案，逐一展示商品的卖点。林凯编写了拍摄脚本如表6-1-4所示。

表6-1-4　永生花拍摄脚本

编　号	镜　头	拍摄内容	对白/字幕	时　长
1	中景	桌面上，放着一份礼物和卡片，卡片上面写着：钟情于你，为爱绽放		3秒
2	特写	女孩带着好奇心，将礼物——永生花从包装中取出	钟情于你，为爱绽放	3秒
3	全景	商品的完整展示	艺术品级原创设计，纯手工制作	5秒
4	特写	商品的局部特写	甄选厄瓜多尔玫瑰，120道工序为爱长存	5秒
5	全景	暗光环境下，模特用手逐次点亮LED灯环	多档调节LED灯环，夜晚为爱温情守护	6秒
6	全景	旋转展示全部商品		6秒
7	定版	展示商品LOGO		2秒

在编写完文案和脚本后，需要发给产品提供方进行再次沟通。确定完毕后，就要根据文案和脚本的定稿准备拍摄场景、拍摄道具、拍摄设备、拍摄演员等。在确定好所有的拍摄细节后，就可以正式进入拍摄的环节了。

活动二　产品介绍短视频的布景与拍摄

 **活动描述**

林凯在完成产品拍摄的前期策划后，计划依据文案和脚本进行短视频的拍摄工作。依据本次短视频拍摄的文案和脚本，林凯首先在室内进行布景，他决定选择"三点照明法"来

对本次拍摄的产品进行布光。在进行拍摄时，他将分别进行图片素材的拍摄和视频素材的拍摄。

活动实施

步骤一： 布置室内拍摄场景。

商品的拍摄场景要根据脚本的要求进行布置。因为本次拍摄的永生花产品较小，所需要的拍摄场景也相对简单，所以林凯选择在一个圆桌上进行布景。在布景时，可提前把拍摄设备架好，通过取景框来观察拍摄场景，以便及时进行观察和调整。

在布景完毕后，就要开始考虑布置现场的灯光，充足的布光可以让产品的细节更加丰富、颜色更加饱满。林凯计划使用"三点照明法"对本次拍摄的产品进行布光。

学一学

在淘宝商品拍摄中，"三点照明法"是最基础、适用性最广的打灯法之一。"三点照明法"是使用 3 个光源去照亮被拍摄物体，其 3 个光源分别是主光、辅助光及轮廓光（如图 6-1-2 所示）。主光是指照亮拍摄主体的主要光线。它可能是透过窗户照射进来的自然光源，也可以源自某款灯具。辅助光又称补光，往往用于填充阴影区域及被主光遗漏的场景区域。一般补光比主光更柔和且强度更低，只有主光的 50%～80%。轮廓光又称背光，它是以逆光的方式从背面照向被拍摄物体，使得被拍摄物体的边缘轮廓更加突出。

图 6-1-2　"三点照明法"布光位置示意图

在布置被拍摄产品时，要注意以下几点：首先要保证被拍摄产品的洁净度，避免产品出现明显的污渍、灰尘、擦痕、手印等，如有以上问题，要在拍摄前及时进行清理；其次，要整理好产品的外观，避免出现被拍摄产品看上去松松垮垮而影响产品形象的情况。

练一练

请以小组为单位，在之前编写的饮料的商品文案和脚本的基础上，完成室内拍摄布景布光工作。

步骤二：进行短视频素材拍摄。

1．拍摄图片素材。

在制作淘宝产品介绍短视频的过程中，除了动态视频需要进行拍摄，静态的图片也是短视频制作中的重要素材。在后期视频制作过程中，可以使用平移、缩放等方法，为图片添加动态效果，作为视频的补充。拍摄者要提前构思好，有哪些效果是图片可以体现而视频无法体现的。此外，在实际的产品拍摄过程中，最好给每一款产品都单独拍摄一张照片，最后再将所有的产品集合在一起拍摄一张合照，以便在视频剪辑过程中灵活使用。

林凯构思好本次永生花产品图片拍摄内容后，对产品进行了不同细节的拍摄，如图 6-1-3 所示。

图 6-1-3　永生花产品的部分图片素材

2．拍摄视频素材。

林凯计划使用自己的 iPhone 12 作为本次短视频拍摄的主要设备。以 iPhone 12 为例，在拍摄之前，依次打开手机的"设置"→"相机"→"录制视频"面板，设置为"4K，30fps"，如图 6-1-4 所示。这样拍摄出来的短视频具有画质清晰的特点。林凯依据永生花的拍摄文案和脚本，依次对各个分镜头进行了拍摄。

在拍摄过程中，要尽量多拍摄素材。因为如果拍摄的素材不合格、无法使用的话，则需要重新布景、布光、拍摄等，将严重影响短视频制作进程。在本次永生花产品的拍摄过程中，一共拍摄了多张图片和多个短视频素材，总大小为 3.01G，如图 6-1-5 所示。

图 6-1-4　手机拍摄参数设置页面　　　　　　图 6-1-5　拍摄的全部素材

活动三　产品介绍短视频的剪辑和制作

活动描述

在视频剪辑前，除了准备好本次拍摄的素材，还要和产品提供方进行沟通，确认是否需要在视频中加入产品的标准效果图、品牌 LOGO 及品牌是否有标准字体要求等。依据本次产品介绍短视频拍摄的文案和脚本，林凯计划先完成短视频的粗剪，再完成精剪并添加合适的背景音乐、转场和字幕效果，最后依据平台的要求，输出本次产品介绍短视频的最终版本。

活动实施

步骤一：粗剪素材。

1. 筛选待用素材。本次永生花项目一共拍摄了多张图片和多个短视频素材，只需按照分镜头脚本，选取其中一小部分即可。可以按照以下的流程图（如图 6-1-6 所示）筛选素材。

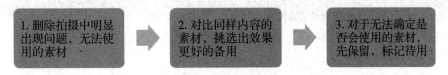

图 6-1-6　素材筛选流程

2. 形成短视频初样。林凯在剪映专业版中，新建了一个名为"永生花短视频"的项目，按照分镜头脚本，导入筛选出的素材，依次放在时间线上，如图 6-1-7 所示。去除重复镜头和无用镜头，形成短视频初样。

3. 在片尾处添加永生花品牌 LOGO 和产品效果图，如图 6-1-8 所示。从头至尾反复观看视频，确保没有疏漏。

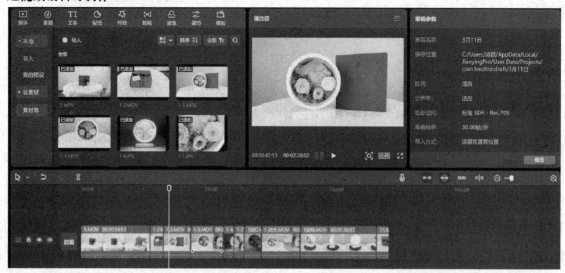

图 6-1-7　在剪映中导入素材

图 6-1-8　为短视频添加商家 LOGO

练一练

　　请对本小组拍摄的饮料图片和视频素材，按照短视频拍摄脚本进行素材筛选，完成短视频粗剪。制作完成后，在线上进行提交。

步骤二： 精剪。

学一学

　　精剪是指在粗剪的基础上，对每个镜头进行精细处理，包括对镜头的出入点的选择、镜头长度的处理、音乐的添加等。

　　本次永生花产品拍摄的分镜头较少，精剪与粗剪的版本差异不大，除了关注镜头出入点选择和长度调整，对图片素材的处理也是本次剪辑的重点。

　　1. 调整镜头出入点和长度。打开文件名为"永生花短视频"的粗剪视频，对每个镜头的出入点和长度进行调整，确保视频的完整性，最终视频时长为 30 秒。

2．为图片素材添加动态效果。以镜头三为例，内容为"商品的完整展示"，为了突出展示商品形象，此处使用了带景深效果的图片素材。对于短视频来说，要尽量避免图片素材以静止的形式出现。如图 6-1-9 所示，在剪映专业版中，选中要添加的图片素材，点击右上角"动画"按钮，在"组合"项下选择"左拉镜"项，即可完成图片动态效果添加。

图 6-1-9　为图片素材添加动态效果

步骤三：添加背景音乐。

本次永生花产品短视频传递的是温馨浪漫的情绪，可以登录专业的音乐库筛选此类音乐。

1．打开网易云音乐，搜索关键字"浪漫温馨的纯音乐"，选择"萤虫之森"音乐，点击下载到桌面。

2．在剪映专业版中，点击"导入素材"按钮，添加音乐"萤虫之森"，并将其拖拽到时间线上。依据视频长度，对音乐进行剪辑，同时为避免音乐的出现或消失过于突兀，可以使用"淡入"及"淡出"功能，如图 6-1-10 所示。

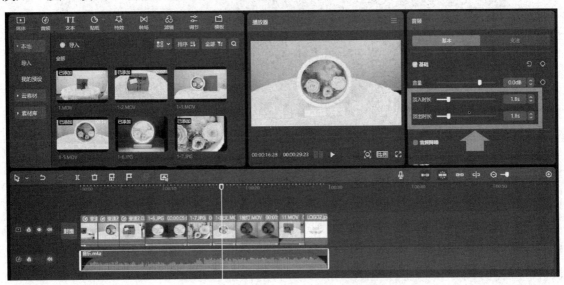

图 6-1-10　对音乐进行剪辑

步骤四： 添加转场和字幕效果，并输出视频。

1. 添加转场。在剪映专业版中，点击左上角菜单栏中的"转场"按钮，进入转场设定页面，选择"叠化转场中的"叠化"效果，选中后拖拽鼠标添加至时间线上需要转场的两个镜头之间，并设定转场时间，即完成了两个场景的转场效果设定；同时，可以设定是否"应用全部"，也就是同一个转场效果在所有的镜头之间进行运用，如图 6-1-11 所示。

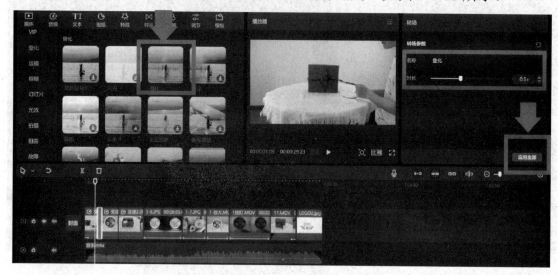

图 6-1-11　转场设定

2. 添加字幕。本次永生花产品的介绍短视频是没有配音的，因此产品的卖点需要通过字幕在短视频画面中呈现。

（1）在剪映专业版中，点击左上角菜单栏中的"文本"按钮，进入文本设定页面，点击页面左侧的"新建文本"按钮，如图 6-1-12 所示。

图 6-1-12　进入文本设定页面

（2）拖拽"默认文本"至时间线上需要添加字幕的镜头上方，在右方文本框中输入文字"钟情于你，为爱绽放"，设定字体为"梅雨煎茶"，颜色为"白色"。完成设定后，拖拽播放器中的文字，调整至合适的大小和位置，完成文字添加，如图 6-1-13 所示。接下来，按照短视频脚本的分镜头设定，依次完成所有镜头字幕的添加。

（3）根据不同平台的尺寸格式要求，导出该永生花产品介绍的短视频文件即可。

图 6-1-13 文字设定页面

任务二 美食短视频制作实战

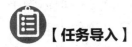

【任务导入】

近年来，短视频行业的市场规模高速增长，美食短视频作为其中一个细分领域，带给受众惬意放松的心理满足感，受到广大受众的喜爱。美景视觉创意工作室近期接到一个新的合作项目，需要为客户制作美食短视频。李经理将此项任务交给了林凯，要求他策划、拍摄并剪辑短视频，并将其作为企业品牌宣传战略的一部分，发布在企业的官方抖音平台上。

活动一 美食短视频的前期策划

活动描述

据抖音生活服务数据显示，2022 年 1 月美食短视频相关交易总额同比增长 234 倍，由此可见，美食短视频这一赛道越来越受到人们的重视。在任务开始前，林凯首先要确定美食短视频的主题类型，然后根据主题构思拍摄脚本，并在此基础上进行脚本的编写。

活动实施

189

1. 教程类的美食短视频。此类短视频风格多样,既有文艺清新风格的,如《日食记》,也有生活居家风格的,如《食味阿远》。

2. 试吃测评类的美食短视频。此类短视频分为网络购买测评和线下探店测评两种,主要告诉观众食物味道如何、好不好吃。网络购买测评是指通过网购的途径购买美食,然后直接开箱试吃、测评。线下探店测评是指亲自到线下的餐饮店试吃美食,然后测评。

3. 吃播类的美食短视频。这类短视频专注于吃播内容,被拍摄者一边吃,一边聊某个话题。以《大胃王密子君》为代表,博主凭借超大胃口直播海量吃各种食物,被冠以吃界有名的吃播女博主。

本任务以教程类美食短视频为例进行讲解。

步骤一:了解美食的具体制作过程。

根据本次任务要求,需制作教程类美食短视频"低卡蒜香烤南瓜"。林凯首先了解并记录好制作该菜肴所需要的食材和道具,然后整理出具体的制作步骤:①将南瓜切块、蒜末切碎等;②往南瓜块中加入蒜末、胡椒粉、盐、全麦粉等;③将调料抓匀;④把南瓜依次放入烤盘;⑤将把南瓜烤盘放进烤箱;⑥将烤箱温度调为200℃,时间调为18分钟;⑦将烤南瓜出炉摆盘。

步骤二:编写美食制作的拍摄脚本。

与产品介绍短视频不同,教程类美食短视频的主要任务是记录下美食制作的全过程,因此不需要编写卖点和文案。当创作者完全了解了美食的制作过程后,就可以着手写拍摄脚本了,如表 6-2-1 所示。完整的美食短视频拍摄脚本一般包含镜号、拍摄场景、画面内容、景别、拍摄机位、拍摄技巧、时间等。林凯为"低卡蒜香烤南瓜"编写了以下拍摄脚本。

表 6-2-1 "低卡蒜香烤南瓜"视频拍摄脚本(时间 1 分 09 秒)

镜 号	拍摄场景	画 面 内 容	景 别	拍 摄 机 位	拍 摄 技 巧	时 间
1	餐桌	人物拿起南瓜,对着镜头展示,放到盘里	特写	人物身前	俯拍	4秒
2	餐桌	人物拿起南瓜放到菜板上	中景	人物正前方	平拍	2秒
3	餐桌	人物切南瓜	特写	人物右侧机位	俯拍	2秒
4	餐桌	用手把南瓜块放进碗里	近景	人物左侧机位	45°斜拍	3秒
5	餐桌	人物切蒜末	近景	左侧机位	平拍	1秒
6	餐桌	向南瓜块碗里加蒜末	近景	左侧机位	45°斜拍	2秒
7	餐桌	向碗里加调料	近景	人物身前	俯拍	4秒
8	餐桌	向碗里加盐	特写	左侧机位	俯拍	2秒
9	餐桌	向碗里加全麦粉	近景	左前方	45°斜拍	2秒
10	餐桌	用手将调料抓匀	近景	左前方	45°斜拍	2秒
11	餐桌	人物往烤盘里放南瓜	中景	左前方	30°斜拍	3秒
12	餐桌	将南瓜烤盘拿到镜头前展示	特写	左侧身旁	俯拍	4秒
13	餐桌	在烤盘摆满南瓜	近景	左后侧机位	俯拍	2秒
14	餐桌	再次将调料涂到南瓜上	特写	左侧身旁	俯拍	4秒

镜　号	拍摄场景	画面内容	景　别	拍摄机位	拍摄技巧	时　间
15	厨房	将烤盘放进烤箱里	近景	身后机位	仰拍	9秒
16	厨房	调设烤箱的时间、温度	特写	身后机位	仰拍	4秒
17	厨房	将出炉的南瓜放到桌子上	近景	左侧身旁	俯拍	5秒
18	厨房	将烤盘里的南瓜摆到餐盘里	近景	第一视角	俯拍	2秒
19	餐桌	将饮料放到摆好的餐桌旁	近景	右侧机位	45°斜拍	6秒
20	餐桌	叉起一块烤南瓜展示一下并吃掉	近景	右侧越肩机位	越肩俯拍	3秒

　　在编写完脚本后，就要根据脚本的定稿准备拍摄场景、拍摄道具、拍摄设备、拍摄演员等。确定好所有的拍摄细节后，就可以正式进入布景和拍摄的环节了。

练一练

　　结合以上所学知识，了解自制饮品"柠檬百香果茶"制作过程，完成时长为30秒的短视频脚本编写，然后把结果记录在文档中，进行保存后，以"班级+学号+姓名"的方式命名，并在线上进行提交。

活动二　美食短视频的布景与拍摄

**活动描述**

　　林凯在完成美食制作拍摄的前期策划后，计划依据拍摄脚本进行短视频的拍摄工作。依据本次短视频的拍摄脚本，林凯需要对室内餐桌和厨房两个场景进行简单的灯光和拍摄布置，然后按照脚本的顺序进行拍摄。

**活动实施**

　　步骤一：搭建场景。

学一学

　　美食短视频的场景搭建需要用到大量的道具和装饰品。有效的布景搭建，能够增强观众的代入感。视频的布景中，一般要有两个场景：一个是展示场景，另一个是制作场景。展示场景用来摆放各种装饰品以突出美食，考虑的是营造一种什么样的氛围。制作场景需要摆放的是各种制作原料，最好不要放过多装饰性的东西，以便让整个操作台看上去更整洁，如图6-2-1所示。

图6-2-1　以摆放原料为主的制作场景

本次任务"低卡蒜香烤南瓜"是一款简单的减脂菜品，可以从健康的居家生活风格出发，在餐厅的餐边柜上摆放油画、绿植等装饰品，在餐桌上摆放好看的餐具、花艺等道具，来营造健康的居家氛围，如图 6-2-2 所示。此外，在道具的选用上，尤其是锅碗瓢盆这些容器，最好使用玻璃制品，因为可以从外面拍摄到容器内的食材变化效果。

图 6-2-2　美食布景的展示场景

练一练

请为之前的自制饮品"柠檬百香果茶"完成室内的场景搭建工作。

步骤二：布置灯光。

1. 采用"三点照明法"布光。拍摄美食时，生动、自然的光线能够给整个视频锦上添花。本次拍摄的场景主要是一张 1.8 米的餐桌，所以布置灯光时依然采用此前所学的"三点照明法"。林凯将桌子搬到距离窗户较近的地方，在下午阳光比较强烈时拍摄，这样就能有效利用自然光作为主光进行照明，并打开室内天花板的吸顶灯作为辅助光，如图 6-2-3 所示。同时，利用移动的补光灯，升高灯架，将灯头向下倾斜，从俯拍的角度对着主操作台的背光区域进行照射，如图 6-2-4 所示。

图 6-2-3　拍摄灯光布置场景

图 6-2-4　补光灯布置场景

2. 调整补光位置。

学一学

补光光线主要分为顺光、侧光、逆光三种。顺光是光线与相机同方向补光，顺光拍摄美食的画面能让食物整体被提亮，但没有层次感和立体感；侧光是在相机两侧方向补光，侧光拍摄的画面有明显的阴影过渡，有立体感；逆光是在相机对面方向补光，逆光拍摄的画面虽然暗，但是食物有轮廓光感（如图 6-2-5 所示）。因此，如果想要突显美食的形状、轮廓，那么最好采用逆光和侧光的补光方式，以便使食材显得更加立体，并在食材和环境之间形成易于区分的明暗分界线。

图 6-2-5　补光位置的选择

练一练

请为之前的自制饮品"柠檬百香果茶"完成室内的布光工作。

步骤三：拍摄美食短视频的素材。

1. 准备拍摄设备。为了让拍摄出来的美食短视频视角更加丰富细腻，画面更清晰稳定，林凯除了准备性能不错的手机、单反相机，还准备了一些辅助设备，包括三脚架、稳定器、补光灯等。

2. 运用构图法。林凯在本次拍摄中综合使用了切圆构图法、对角线构图法、三角构图法。

学一学

构图的目的是创造平衡的动态图像并引导观众的视线，构图效果越强，美食摄影效果就越好。常用的美食拍摄构图法主要有切圆构图法、对角线构图法、三角构图法。

切圆构图法是指将美食主体摆放在单个餐盘中时，不必拍摄出餐具完整的形状，利用桌边的曲线线条建立画面架构（如图 6-2-6 所示）。运用切圆构图法能突出食材的细节和质感，让画面更有张力。拍摄时要注意画面平衡、适度留白，然后在留白处可增加一些同色系的小点缀作为陪衬。

对角线构图法是指把两个美食主体安排在画面的对角线位置上进行拍摄，给人一种画面延伸的感觉。如餐桌上有两种美食作为主体，这时可把两个餐具一前一后呈对角线摆放（如图 6-2-7 所示），然后拍摄人物的手部特写，这样可使画面具有层次感。

三角构图法是指把多个美食主体呈三角形摆放进行拍摄（如图 6-2-8 所示），具有沉着稳定的特性，拍摄出来的画面给人一种立体感和稳定感。

图 6-2-6　切圆构图法

图 6-2-7　对角线构图法

图 6-2-8　三角构图法

3. 选择拍摄角度。在拍摄美食时，林凯除了综合运用构图法，还要选择多种拍摄角度，否则拍摄出来的视频可能达不到理想的效果。

学一学

一般来说，拍摄美食的角度主要有平拍、45°斜拍、俯拍等。

平拍是指相机和被拍摄物在同一个水平线上进行拍摄。相机镜头与拍摄物体之间平行，0°直接对着被拍摄物体（如图 6-2-9 所示）。平拍拍摄更能展现被拍摄物的斜切面（如图 6-2-10 所示）。一般在切菜、饮品制作时需要用平拍角度拍摄，这样能展示人物的手部动作，起到捕捉记录的作用。

图 6-2-9　平拍拍摄角度

图 6-2-10　平拍拍摄画面

45°斜拍是指相机向下 45°倾斜拍摄（如图 6-2-11 所示）。它能展示被拍摄物的侧面和顶部（如图 6-2-12 所示），让被拍摄物更有立体感。

图 6-2-11　45°斜拍拍摄角度

图 6-2-12　45°斜拍拍摄画面

俯拍是指相机高于被拍摄物向下拍摄，相机与被拍摄物呈 90°（如图 6-2-13 所示）。俯拍能展现被拍摄物的顶部（如图 6-2-14 所示）。一般在展示制作美食所需要的全部食材时，就需要用俯拍角度拍摄整个桌面。

图 6-2-13　俯拍拍摄角度

图 6-2-14　俯拍拍摄画面

4. 选用拍摄景别。在拍摄美食时，林凯选用了多种景别。

学一学

景别是指主体占整个画面的比例。美食短视频的景别到底怎么使用和选择呢？

特写一般用来展示美食的纹理及细节。由于在拍摄特写的时候，镜头离得比较近，所以有可能需要用到微距镜头。另外，在拍摄特写时，注意光圈不要开太大，否则虚化会非常严重。

近景一般用来拍摄美食的大头照，常用于菜单的拍摄。注意在拍摄时，主体的布置及摆盘需要非常美观，其他的道具可以尽量减少使用，这样才能拍摄出高级的画面感。

中景主要拍摄一些局部环境与食物结合的照片，主要用来体现布置和氛围感，是拍摄美食氛围照片时常用的景别。在使用中景的时候，可以采用多主体拍摄以及加入适当的元素，也可以加入人手进行拍摄。

全景主要用来展示环境，食物只是作为环境中的一个主体元素，并不是最重要的。拍摄时可以加入半身及全身的人物。

远景主要用来体现大空间或大环境，很少应用在美食的单独拍摄中。一般用来展示家居、工作室的画面和空间等，远景中，食物只是作为环境中的一个用于点缀的装饰物和道具元素。一般来说，拍摄制作教程类美食短视频常选用的景别主要有中景、近景、特写（如图 6-2-15 所示）。

图 6-2-15　拍摄美食的中景、近景、特写画面

5. 拆解拍摄过程。本次任务制作烤南瓜的过程有很多不同的拍摄动作，如果在拍摄视频的全过程中只用一个镜头和景别，那么拍摄出来的视频会比较单调和枯燥。如果想拍摄出来的每个动作画面效果都不错，则需要掌握哪些技巧呢？

学一学

拍摄高质量的动作画面的技巧有以下两种：（1）拍摄美食短视频一般采用"3+3 原则"，即每完成某一拍摄动作一组分镜头的拍摄，最好拍摄三个不同的景别和角度，以便镜头拼接起来更加生动丰富；（2）哪里有动作，哪里就拍特写。

掌握了以上的技巧后，林凯根据本次制作"低卡蒜香烤南瓜"的拍摄脚本，按镜号逐一进行拍摄。以"切南瓜"这一拍摄动作为例，切南瓜的动作拍摄由镜号 2、3、4 三个分镜头完成：镜号 2，采用中景、平拍，拍摄人物拿起南瓜放到菜板上的动作（如图 6-2-16 所示）；镜号 3，采用特写、俯拍，近距离拍摄人物切南瓜的动作（如图 6-2-17 所示）；镜号 4，采用近景、45°斜拍，拍摄人物用手把南瓜块放进碗里的动作（如图 6-2-18 所示）。

镜号	拍摄场景	画面内容	景别	拍摄机位	拍摄技巧	时间
2	餐桌	人物拿起南瓜放到菜板上	中景	人物正前方	平拍	2s

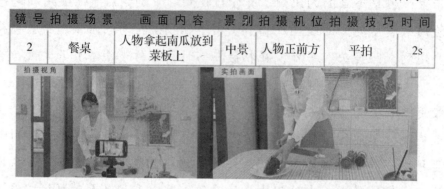

图 6-2-16　镜号 2：中景、平拍的拍摄视角和实拍画面

镜号	拍摄场景	画面内容	景别	拍摄机位	拍摄技巧	时间
3	餐桌	人物切南瓜	特写	人物右侧机位	俯拍	2s

图 6-2-17　镜号 3：特写、俯拍的拍摄视角和实拍画面

镜号	拍摄场景	画面内容	景别	拍摄机位	拍摄技巧	时间
4	餐桌	用手把南瓜块放进碗里	近景	人物左侧机位	45°斜拍	3s

图 6-2-18　镜号 4：近景、45°斜拍的拍摄视角和实拍画面

练一练

请根据之前的自制饮品"柠檬百香果茶"的拍摄脚本，完成关于切柠檬动作的一组镜头拍摄。

活动三　美食短视频的剪辑和制作

 **活动描述**

在本次美食短视频的拍摄过程中，林凯首先需要对前面拍摄的美食素材进行整理，然后

完成短视频的粗剪，再添加合适的背景音乐、转场和字幕效果，最后输出本次美食短视频的最终版本。

活动实施

步骤一：粗剪素材。

1. 筛选待用素材。在剪辑制作之前，林凯先是新建了一个名为"低卡蒜香烤南瓜短视频"的文件夹，然后把拍摄的 40 多个分镜头的视频素材全部看了一遍，从中挑选出了 20 个画面较好的视频保存至该文件夹。注意，筛选素材是一个比较烦琐的过程。筛选时，一定要按脚本镜头顺序操作，建议以镜号、时间的先后顺序命名，如第一个镜头的视频素材命名为"镜号 1－0 分 4 秒"，这样既方便按顺序导入，又能清楚地知道每个镜头需要剪辑的时长。

2. 形成短视频初样。林凯打开该文件夹，在剪映中导入筛选出的素材，依次放在时间线上，去除重复镜头和无用镜头，形成短视频初样，如图 6-2-19 所示。

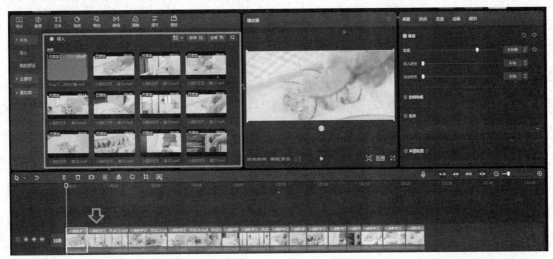

图 6-2-19　在剪映中导入素材

练一练

请按照自制饮品"柠檬百香果茶"短视频拍摄脚本，进行素材筛选，完成短视频粗剪。制作完成后，在线上进行提交。

剪辑美食短视频时，应注意以下几点。

（1）要让每个镜头都有适当的运动。但是这种运动不是随意的运动，而是有章法、讲究技巧的运动。例如"低卡蒜香烤南瓜"的制作过程结束以后，需要展示摆盘效果，如果直接切换到摆好盘的画面，就会显得突兀，最好加入展示摆盘过程的画面，如制作人员双手将烤好的南瓜轻轻地放在盘子里。这种细节性的呈现形式往往能唤起观众对食物的兴趣，并收获不错的效果（如图 6-2-20 所示）。

（2）片尾部分要充分展示美食。如果有特意设计过的效果，那么可以用上。在本次任务的拍摄中，正好有一段人物坐在餐桌前享用烤南瓜的动态效果，于是用在了结尾处（见图 6-2-21）。

图 6-2-20　剪辑摆盘的过程

图 6-2-21　剪辑片尾

（3）粗剪完整片以后，可以从头到尾看一遍。看的过程可以让一些朋友提提意见，如有能提升作品效果的好建议，应权衡利弊后及时完善。

步骤二：添加背景音乐。

背景音乐又称"BGM"，选择合适的 BGM 能够烘托出美食短视频的氛围，增强情感的表达，达到一种让观众身临其境的效果。

1. 选择背景音乐。本次美食短视频传递的是欢快、活泼的情绪，林凯通过打开网易云音乐网站，搜索关键字"美食 vlog 背景音乐"，选择"幻女幻奏"乐曲。

2. 导入背景音乐。在剪映专业版中，点击"导入素材"按钮，添加乐曲"幻女幻奏"，并将其拖拽到时间线上。依据视频长度，对音乐进行剪辑，同时为避免音乐的出现或消失过于突兀，可以使用"淡入"及"淡出"功能，如图 6-2-22 所示。

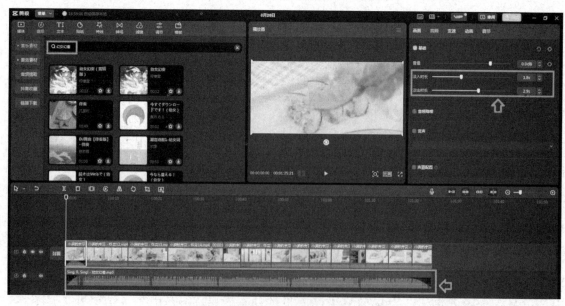

图 6-2-22　对音乐进行剪辑

步骤三：添加转场和字幕效果，并输出视频。

1. 添加转场。对于一些日常家居做饭做菜的镜头，想要画面过渡看起来更加自然，可以进入转场设定页面，选择"基础"转场"叠化"效果，如图 6-2-23 所示。而对于美食制作步骤多、节奏感较强的镜头，可在转场设定页面选择"运镜"转场"向上"的效果，如图 6-2-24 所示，这种效果可使画面更有动感，看起来井然有序、逻辑清晰，让观众一看就懂。

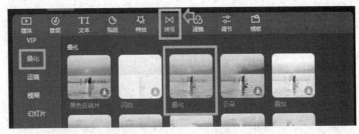

图 6-2-23 "叠化"效果转场设定

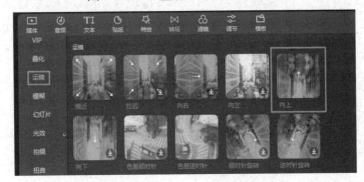

图 6-2-24 "向上"效果转场设定

2. 添加字幕。本次的美食短视频没有配音，需要通过字幕的形式在短视频画面中呈现。首先，点击左上角菜单栏中的"文本"按钮，进入文本设定页面，点击页面左侧的"新建文本"按钮，在右侧文本框中输入文字"低卡蒜香烤南瓜"，然后根据需要调整文字至合适的大小、颜色和位置，完成文字添加，如图 6-2-25 所示。接下来，按照脚本的分镜头依次完成所有镜头字幕的添加。最后，根据不同平台的尺寸、格式要求，导出该美食短视频文件即可。

图 6-2-25 添加字幕页面设定

任务三　知识短视频制作实战

【任务导入】

美景视觉创意工作室重视媒体矩阵的布局，除了为其他企业运营短视频账号，还计划打造一个新的账号。根据调研，林凯选择为工作室运营一个知识类账号。飞瓜数据的"2021 年短视频及直播营销年度报告"显示，年度涨粉 500 万人以上的博主行业第一名就是"知识资讯类"，可见该类型的短视频深受广大网友的喜爱和关注。新账号计划围绕工作室擅长的新媒体视频创意制作进行知识分享，以吸引更多的粉丝，提高品牌效应。让我们和林凯一起来学习创作知识短视频吧！

活动一　知识短视频的创意策划

**活动描述**

美景视觉创意工作室拟打造一个知识短视频账号，以求吸引垂直类粉丝的关注，宣传推广工作室品牌，打造专业形象，最终达到提高品牌效应的目的。李经理告诉林凯，打造知识短视频账号首先要明确定位，选定目标用户群体的知识需求，确定大致的方向，然后根据方向进行选题策划。

活动实施

学一学

知识短视频是指以知识分享作为主要目的，以知识讲解作为主要内容，让受众能够从中获得知识的短视频，一般可分为生活技能类、科普类、人文艺术类、教育类、体育类、职场类 6 大类别。根据抖音 2021 年 10 月发布的"2021 抖音泛知识内容数据报告"显示，2021 年抖音泛知识类内容播放量年同比增长 74%，内容播放量占平台总播放量的 20%。其中，生活技能类内容最受欢迎且增长最快，792 个与生活常识相关的话题播放量过亿次。而科普类内容的崛起，激发了受众的求知欲。2022 年，抖音推出的"学习频道"能够更好地帮助知识创造者在平台上变现，获得更多的流量支持，持续为平台受众及内容赋能并提供价值。

步骤一：明确定位。

抖音把受欢迎的知识类短视频分为 6 大类、26 小类，如图 6-3-1 所示。本次工作室打造的账号希望吸引对短视频制作感兴趣的受众，这也是工作室比较擅长的短视频制作相关领域。因此，林凯根据知识种类地图选择了"职场类"中的"职业技能"小类，向粉丝分享短视频制作的知识和技能。

图 6-3-1　知识种类地图

（数据来源："2021 抖音泛知识内容数据报告"）

练一练

以小组为单位开展讨论，从知识种类地图中选定一个作为本小组的定位细分领域，并向全班说明选择的理由。

步骤二：收集相关选题。

学一学

选题应从受众的角度考虑其知识需求，所输出的知识要对受众有用，可以是一些专业知识，也可以是一些不为人知的冷知识，激发受众的兴趣。可以登录问答平台，如知乎、百度知道等，了解相关的问题，从中收集选题。如果关于选题的内容已经有很多短视频了，那么可以通过趣味性来吸引受众，如介绍短视频剪辑中的关键帧用法，不能简单地说教，可以结合盗梦空间旋转特效等酷炫的剪辑效果使视频既实用又有趣。

另外，选题还可以与热点结合，如我国问天实验舱发射成功，可以介绍火箭发射特效的剪辑方法。

林凯通过登录抖音学习频道，学习高赞短视频的选题方向，并总结归纳了以下四类热门选题，他计划以这四类热门选题作为工作室本次的选题方向并拟订了一些题目。

（1）拔草/避坑类：这些短视频制作技巧真的坑！做短视频你还信这些吗？

（2）种草类：学会这两款软件，还怕做不出爆款短视频？

（3）降低成本类：这5个网站帮你快速剪出好视频

（4）冷知识类：恐怕你一直都没有用对剪映的这个功能、90%的人都不知道剪映的宝藏玩法

练一练

结合本小组选定的知识种类细分领域，进行小组头脑风暴，从拔草/避坑类、种草类、降低成本类、冷知识类四个方向分别提出选题。选题一般用一句话表达所选内容的主题，也可以作为短视频的标题出现。讨论完毕后填写表6-3-1，并投票选出本小组第一期视频的选题。

表6-3-1　知识类短视频选题

选题方向	选题（所选内容的主题）
拔草/避坑类	
种草类	
降低成本类	
冷知识类	

【案例展示 6-3-1】

趣味科普让物理走近普通受众

抖音账号"不刷题的某某"是科普自媒体，创作者是同济大学物理学教授，其视频内容定位于不刷题也能学好物理，带你探究迷人的物理之惑，享受科学思维的快乐。目前，该账号已有370多万粉丝，发布作品300多个。内容包含空间弯曲、角动量守恒、粒子散射等物理知识，它们在视频里都变得生动形象、简明易懂，让受众重燃对物理的兴趣。

除了选题富含知识性且生动有趣，该账号的视频选题来源多样，包括：一般的知识分享，如《彩色的影子》；结合热门话题的事件，如《长征五号》等；来自网友的提问，如《硬核!用电磁灶炒电线回答问题》《海螺听海的浪漫～拿拖鞋打我也表示听不懂!》。因为社会热门话题和事件，以及网友提问的关注度较高，所以与此结合，可以将受众的注意力吸引到自己的视频中来。

其系列视频在人设打造上也保持了一致性，每个视频的形象都是一头灰白的短发、一副黑框眼镜、一件多功能马甲，让受众印象深刻。这样一个知识类账号，在其直观的视频形态、轻松有趣的表达背后，需要的是足量的专业知识储备和扎实的理论支撑。专家学者化身科普博主、团队"转译"知识，让知识的传递成为了一件喜闻乐见的事，让初探专业领域成为了可能。

案例讨论：

　　1. 该账号的定位是什么，其选题来源是什么？

　　2. 这一类知识型账号的火爆，给你带来了什么启示？

活动二　知识短视频的文案及脚本写作

活动描述

　　在进行市场调研后，美景视觉创意工作室在知识短视频类目下选择了"职业技能"方向进行尝试。在各个选题中，林凯选定了第一期短视频的题目："90%的人都不知道剪映的宝藏玩法"。确定了选题后，首先要确定知识短视频的表现形式，然后根据选题撰写文案。知识短视频的文案是短视频成败的重中之重，既要有用又要有趣。

活动实施

　　步骤一：确定知识短视频的表现形式。

学一学

　　常见的知识短视频表现形式有以下几种。

　　1. 图文形式。讲授者可出镜或不出镜，如某新媒体学院发布的知识短视频《短视频营销活动是什么？》，就采取了主播与文字图片一起展现的形式，如图 6-3-2 所示。

图 6-3-2　以主播与文字图片形式展现《短视频营销活动是什么？》

　　2. 动画形式。如百家号推出的航天公开课就采用动画的形式科普航天知识，如图 6-3-3 所示。

图 6-3-3　以动画形式介绍"问天实验舱"

---

3. 现成视频素材混剪。用现成的视频素材配合所讲解的内容进行剪辑，如图6-3-4所示。

图 6-3-4 现成视频素材混剪的短视频

4. 真人出镜，原创拍摄。如抖音"这不科学啊"的账号发布了多个真人出镜的优质科学知识短视频，如图6-3-5所示。

图 6-3-5 原创拍摄的知识短视频

常见的知识短视频的四种表现形式中，动画形式及原创拍摄难度较大，虽然需要花费大量的人力、物力，但是质量高，对于账号的长期发展非常有利。而图文形式和现成视频素材混剪操作简便，能快速制作多个视频，虽然质量不高，但是可以以量取胜。需要注意的是，使用现成素材容易被判定为重复，有封号的危险。

根据工作室现有的资源，林凯决定使用图文形式，快速上线多个视频，以量取胜。

请进行网络调研，了解知识短视频4种表现形式的优缺点，进行总结和归纳，并选取不同类别的代表性短视频，填写表6-3-2。完成后进行小组讨论，为本次任务选择一种知识短视频表现形式。

表 6-3-2 知识短视频 4 种表现形式的优缺点

表 现 形 式	优 点	缺 点	典型短视频题目
图文形式			
动画形式			
现成视频素材混剪			
真人出镜，原创拍摄			

步骤二：撰写文案及脚本。

学一学

知识短视频文案撰写的核心目标是通俗易懂，把有价值的知识分享给用户。其创作的核心就在于设计一个好的文案及脚本。知识短视频的文案创作具有以下技巧。

1. 重视黄金三秒

用户每天面对海量的信息，只有在第一时间吸引住用户才能提高短视频的播放量。因此在前三秒钟要植入具有高诱惑力的信息，让用户迅速地了解该视频的实用价值——能解决什么痛点，或把结论前置，激发用户的观看兴趣。例如，"每天运动，体重不降反升该怎么办？"。还可以把分享的知识或技能带入具体的场景中，借经常困扰用户的难题，来引发用户的共鸣。例如，"明明脑袋里有一堆想法，但是一张嘴却不会表达，因此错失了很多机会"。还可利用"1+1"法导入黄金三秒，1+1 就是提出一个在人群中普遍存在的代表性问题，再加上一个解决方案。例如，"你的手机电池是不是特别不耐用，一个设置让你续航翻倍"。

2. 钩子定律，植入诱惑

在前三秒吸引住用户后，创作者需要确保视频的完播率，避免用户中途划走。这就要在视频中植入诱饵，吸引用户的注意力，可以在开头设置悬念，例如"高考状元力荐的学习方法"；还可以在开头预告片尾有彩蛋，例如"片尾分享了本次旅游具体攻略"，让用户在好奇心的驱使下带着明确的预期目标看完短视频。

3. 分点阐述，举例说明

由于知识短视频通常信息量较大，内容具有一定的专业性，因此组织好逻辑尤为重要。创作者可以把内容分为几个小标题来突出要点，清晰地进行分点阐述，必要时加上简短的案例辅助说明，最后在视频结尾进行干货总结，方便用户进行回顾和截图。

4. 花式互动，引发思考

在知识分享的过程中，要避免枯燥的陈述，说话的语气要让用户觉得亲切自然，就像日常聊天一样。多提问互动，多用第二人称"你"，用户不自觉地进入到情境中，激发用户持续观看的欲望。

5. 结尾设计一个优秀的"slogan"

slogan 就是签名，在每个短视频后面可以放上自己的签名：用一句话讲清楚你是谁，你是干什么的，关注你有什么好处。例如，"我们是人类观察所，关注我，一起好好生存"。

林凯根据此次选题，选择采用"主播+图文"形式进行展现，并撰写了短视频文案。

90%的人都不知道剪映的宝藏玩法

用了这么久的剪映，你居然不知道这些功能？下面让我来告诉你，90%的人都不知道的剪映的两个宝藏玩法。

　　首先，打开万能的剪映，里面的"防抖"功能真是太强大。添加手机拍摄的素材，点击"素材"按钮，在菜单中找到"防抖"功能，向右滑动至"推荐"，视频效果堪比好莱坞大片。

　　接着，你万万想不到，剪映里面的"涂鸦笔"功能竟然可以这样用。首先打开一张山峰和蓝天的图片，需要抠出山峰时，使用智能抠图，（图片）效果不理想。我们试试色度抠图（图片），效果还不行。这时候，可以使用"涂鸦笔"功能。选择涂鸦笔后，选择绿色，沿着山峰勾勒线条，再在蓝天部分涂满颜色，导出视频。然后，重新导入素材，这时候用色度抠图，完全没有问题了，山峰非常清晰，（图片）效果还不错。

　　怎么样，学到了吗？点个赞再走吧？拜拜，下次再会。

　　请结合所学的文案撰写技巧，对以上文案进行修改。修改完毕后请在班级内进行分享。

【案例展示 6-3-2】

别让泛知识类短视频成为侵权高发地

　　2021 年，中国青年报社社会调查中心对 2015 名受访者进行调查显示，受访者认为目前泛知识类短视频存在的最大问题是内容同质化。有 43.6%的受访者指出，泛知识类短视频侵权问题多发。据 12426 版权监测中心发布的《2020 中国网络短视频版权监测报告》显示，当年累计监测到 3009.52 万条侵权短视频，独家原创作者被侵权率高达 92.9%。

　　泛知识类短视频之所以受欢迎，是因为它迎合了人们用碎片化时间学知识的需求，但是观看这类短视频时，不该只停留在消费知识的层面，泛知识类短视频应该成为启发受众思考和探索的存在。而这也对创作者提出了更高的要求，不仅要坚持内容的科学性、趣味性，而且要坚守好作品的原创性和创新性，自觉树立版权意识，避免出现侵权行为。

　　案例讨论： 泛知识类短视频目前存在什么问题？作为短视频创作者该如何避免此类问题的发生？

练一练

　　请为你们小组选定的知识短视频选题选择合适的拍摄方式，并完成文案及脚本的撰写。撰写完毕后请把结果记录在文档中，进行保存后，以"班级+学号+姓名"的方式命名，并在线上进行提交。

活动三　知识短视频的拍摄与剪辑

活动描述

　　很多知识短视频会采用讲授者出镜的方式进行拍摄，提高短视频的真实性，拉近讲授者与受众的距离。林凯完成了本次图文形式的知识短视频的制作后，他计划学习如何为短视频添加真人出镜的讲解部分内容。

活动实施

步骤一：拍摄真人出镜画面。

本次工作室选定"主播+图文"形式展现短视频，在室内布置了绿幕，如图 6-3-6 所示。讲授者坐着或站着进行视频内容的讲解。

图 6-3-6　知识短视频室内拍摄场景布置

步骤二：导入视频。

林凯按照前面所讲授的拍摄及剪辑的方法完成了知识短视频的制作，现在他要为视频添加真人出镜的讲解部分内容。打开剪映专业版，点击"导入"按钮，将需要设置"画中画"效果的视频导入后，将两段视频拖拽至时间线面板的视频轨道上，并将讲授者的视频放置在主视频轨道的上方，如图 6-3-7 所示。

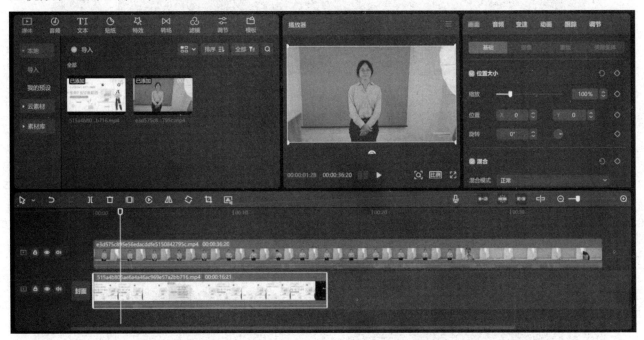

图 6-3-7　导入需要实现画中画的两段视频

步骤三：裁切画面杂景。

用鼠标点击选中讲授者的视频，点击"裁切"按钮，去除画面中的杂景，如图 6-3-8 所示。

207

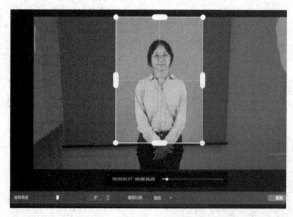

图 6-3-8　进行人物背景裁切

步骤四：进行抠像。

在剪映专业版右边的功能窗口，点击"画面"按钮，选中"抠像"项，勾选"智能抠像"或"色度抠图"。如选择"色度抠图"项，则需在视频播放器窗口使用取色器选中人物背景中的绿色，并调整抠像强度，如图 6-3-9 所示，即完成了人物的抠图。

步骤五：调整人物的位置。

拖拽人物外部的四个白点，进行人物大小的调整，并通过视频播放器窗口，拖拽放置至合适的位置即可，如图 6-3-10 所示。

图 6-3-9　人物抠图设置

图 6-3-10　调整人物至合适的位置

请根据活动二的文案和脚本，拍摄并剪辑成一个时长 3 分钟以内的知识型视频，添加字幕后，导出一个比例为 4：3、分辨率为 1080P、帧率为 30fps 的视频文件。导出视频文件后，以"班级+学号+姓名"的方式命名，并在线上进行提交。

任务四　剧情短视频制作实战

【任务导入】

美景视觉创意工作室近期准备策划一系列剧情短视频，来为广州捷维皮具有限公司的抖音账号涨粉。因为剧情短视频独有的故事性具有强大的吸引力，分享转发率高，涨粉能力不容忽视，所以许多用户都会选择创作剧情短视频来涨粉。接下来，林凯要制作一则既能很好地宣传该书包，又有吸引人的故事情节的短视频，让我们一起来创作一则剧情短视频吧！

活动一　剧情短视频的创意策划

活动描述

剧情短视频的制作重点在于前期的剧情创意，只有做好创意策划，才能事半功倍。因此，林凯首先需要获得创作灵感。目前很多平台都提供了数据分析及关键字、热门话题推荐等，通过分析工具能获得一定的创意灵感。接下来，林凯想要使短视频受到更多关注，还需要从创作灵感中选择合适的内容并设计反转的剧情，以获得更好的戏剧效果。完成以上步骤才算完成了创意策划。

活动实施

剧情短视频要求具有情节，同时节奏也较快，故事冲突性强，还需要人物角色表演出镜，是属于难度较高的短视频类型。但由于其具有故事性及能塑造人物角色，在完播率、转发率、涨粉能力上都有明显的优势。剧情短视频一般包括搞笑、青春励志、爱情、亲情、友情、种草、广告、电影等内容。

剧情短视频的特点可以归纳为以下几点。

（1）趣味性。搞笑的情节很解压，受众广泛。

（2）生活化。接地气的情节容易引起受众的共鸣，获取信任。

（3）快节奏。短视频虽短小但也要求"五脏俱全"，因此要马上进入重点。

（4）多反转。在意料之外又在情理之中的情节最能打动受众。

（5）正能量。营造良好氛围，传播正能量，能让受众的心灵得到滋养。

（6）实用性。现代人追求实用，有一定的知识含量的短视频更受欢迎。

步骤一：获取创作灵感。

剧情短视频的创作灵感非常重要，创作灵感应该从短视频受众的需求出发。短视频平台都会提供"热门关键词""热门话题"等，为创作者提供灵感。如抖音平台在"创作者服务中心"中就有"创作灵感"栏目。登录抖音 App 后，进入"我的"页面，点击右上角三横线图标，点击菜单中的"抖音创作者中心"项，如图 6-4-1 所示。进入"创作灵感"页面。

在"创作灵感"页面中点击进入"创作热点"项，在"全部垂类"中选择"剧情"项，可以查看近一小时、近一天、近三天、近七天的"热点榜单""热门话题""搜索热词""热门视频"，如图 6-4-2 所示。从"热点榜单"项下，可以看到当天播放量最高的视频，点击"查看更多"按钮后还可以进入"抖音热点小助手"页面，查看当天热榜等；"热门话题"栏目分为话题总榜和热度飙升榜单，给出最多人用的话题，以及该话题下播放量最高的短视频；"搜索热词"页面展现了当天最多人搜索的 10 个关键词，每个关键词下还有"了解详情"页面，展示了详细的搜索指数趋势、关联词及搜索结果视频，可以带来关于视频标题的灵感；"热门视频"栏目提供了视频榜、低粉爆款榜、完播版、涨粉榜，这些都是点赞量、播放量非常突出的视频，可以通过这些视频获取灵感。

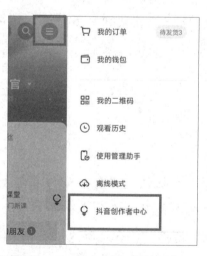

图 6-4-1　抖音创作者服务中心

图 6-4-2　"创作灵感"页面

在"热点榜单"页面查看榜单推荐的热门短视频。热门短视频肯定有其成为爆款的元素，可能是搞笑的"梗"受到用户欢迎，也可能是提到的内容受到用户的关注和热议等。这些元素都可以成为创作灵感。

练一练

请登录抖音平台进入"创作灵感"页面，查看各个栏目推荐的热门短视频，分析该短视频的爆款元素，考虑是否与书包相关，然后总结出剧情短视频的创作灵感。创作灵感可以用一句话进行概括，即你想到的主要剧情。把你的灵感写到表 6-4-1 中，并与小组成员进行分享。

表 6-4-1　书包剧情短视频创作灵感

热点短视频标题	点　赞　量	爆款元素	创作灵感
两大尬姐在线飙戏	95.9w	成人扮演学生时代剧情、男生反串女生	扮演小学生，表演跟书包有关的怀旧剧情

步骤二：构思短视频的内容。

好的剧情短视频内容要兼具趣味性和实用性，内容选择上要接地气，符合一般的生活规律，并传播正能量。

学一学

剧情短视频与电影、电视剧大有不同：1. 短视频在开头就要表现故事的强冲突性，不需要铺垫太多；2. 短视频不用纠结故事的完整性，而是专注于某个情感的情节；3. 短视频多采取开放式结局，增加用户互动性、黏性。

本次短视频制作围绕"书包"这一产品，内容可以围绕小学生（使用人群）在使用过程中可能发生的趣事，再结合"创作灵感"？中的热点进行选择。如某一时段热点榜第二名：男子买来秋天的第一杯奶茶送朋友时不幸被撞碎，由此可以考虑到"秋天第一杯奶茶"被撞碎洒到了书包上，但书包具有较好的防水能力，因此能轻松地清理干净。又如"#高温天气"的话题占据热榜多天，大家都在发布一些关于高温天气的搞笑视频，由此可以考虑到面对高温天气，我们有很多降温工具，这些工具都被装进了书包里，表现了书包"容量大"的特点。

练一练

上述"秋天第一杯奶茶"的内容具有趣味性，"高温天气降温工具都被装进书包里"的内容说明书包是具有实用性的。大家还能想到其他内容吗？请以小组为单位，围绕书包这一核心产品，构思视频内容，从趣味性、实用性、生活化、正能量等角度出发进行内容创作。讨论完毕后，填写表 6-4-2，并以小组为单位在班级内进行分享。

表 6-4-2　书包剧情短视频内容

出　发　点	内　容　详　情
趣味性	
实用性	
生活化	
正能量	

步骤三：设计反转剧情。

中国戏剧结构讲究"起、承、转、合"，即故事开端、故事发展、故事转折、故事结局。往往"转"是故事最精彩的部分。因此，讲究"快节奏"的短视频要注重故事"转折"的描述。

学一学

反转剧情反转的是"观众的心理预期"。因此，设计反转剧情时可以按照三步走：首先营造常规情景，然后引导观众形成心理预期，最后设计与心理预期相反的发展方向。

需要注意的是，反转的情节落差越大越好，但不能脱离现实，出现与情理不符的情况。

围绕"书包"的反转剧情可以设计如下内容。

营造常规情景：背着书包回来的小学生拿出 100 分的试卷，爸爸非常满意，满脸笑意。小学生要求奖励"秋天的第一杯奶茶"，爸爸从冰箱里拿出早已准备好的特大号玻璃罐装奶茶。

形成心理预期：小学生很开心地喝奶茶，父慈子孝。

情节反转：爸爸把奶茶放到茶几上的一瞬间，奶茶玻璃罐破裂，奶茶洒到了放在茶几旁边的书包上，小学生大哭。爸爸忙说："还好，书包防水。"小学生停止哭泣，转头看到洒光的奶茶，又哭了起来。

练一练

请以小组为单位进行讨论，在步骤二短视频内容的基础上设计反转剧情。讨论完毕后把结果记录在文档中，进行保存后，以"班级+学号+姓名"的方式命名，并在线上进行提交。

【案例展示 6-4-1】

反诈短视频走红网络

2021 年 11 月，一条 3 分钟的反诈短视频走红网络：在昏暗的办公室里，坐着一群"见不得光"的诈骗分子。听着收音机里警方"严查严打""反诈反洗"的话语，浣熊老大"浣西杀"怒极拍桌，直斥手下近来业绩不佳，遂召开一次"洗钱行动"复盘会议……该短视频通过一次又一次的剧情反转，引人入胜。新颖的题材和表现形式受到了网友的花式夸赞。

近年来，国家反诈中心推出的系列反诈短视频可谓新颖又吸粉。针对生活中的各类骗局，以故事的形式重演了诈骗分子忽悠老百姓的常见手法，用趣味化宣教内容，以短视频的方式广而告之。其出品的剧情类系列短视频《反诈小剧场》更是让网友直呼掌握了流量密码。截至 2022 年 10 月，国家反诈中心抖音账号已经收获了 800 多万点赞和 760 多万粉丝。

案例讨论：该短视频账号为何会受到广大网友的追捧？

活动二　剧情短视频的剧本及脚本写作

**活动描述**

在完成创意策划后，林凯需要把创意表现出来，便于制作团队进行表演、拍摄、剪辑等工作，最终将作品尽可能按照创意进行展现。用于表现创意的就是剧本及脚本。剧本和脚本有所区别，在实际操作中，一般短视频直接撰写脚本就可以了，但是剧情短视频较为复杂，因此剧本也是必要的。因剧情短视频的需要，林凯先根据创意撰写剧本，然后再根据剧本撰写脚本。

**活动实施**

步骤一：撰写剧本。

学一学

剧本是由台词和舞台指示组成的文本，是导演和演员表演的依据，有完整的故事情节、清晰的场景、角色的动作，甚至情感都能有所展现。一般的剧本会在前面交代场景的时间、地点、人物，整个剧本以角色对话为主，中间穿插提示当时的情景、人物的动作、表情等。

林凯根据活动一中设计的围绕"书包"的反转剧情，撰写剧本（部分）如下：

家庭客厅，内景，白天

人物：爸爸、儿子

儿子背着书包高兴地推开家门，爸爸坐在沙发上看书。

儿子：爸爸，我回来了。

爸爸：哦，回来啦，考试考得怎么样啊？

儿子把书包放在茶几旁，打开书包，拿出试卷，双手高高举起。

儿子：你看，我考了 100 分！

爸爸：哇，我儿子真棒。

儿子：爸爸，你不是答应奖励我"秋天的第一杯奶茶"吗？

爸爸：早就准备好啦。

爸爸从冰箱拿出一个特大号玻璃罐装自制奶茶。

步骤二：撰写脚本。

脚本是在剧本的基础上形成的，给拍摄人员作为拍摄依据。可以根据剧本，完成表 6-4-3 的撰写。

表 6-4-3 剧情短视频拍摄脚本（部分）

编号	镜头	拍摄机位	拍摄内容	对白/字幕	时长	音乐
1	中景	平拍	小学生背着书包推开家门，高兴地回来	爸爸，我回来了。	2 秒	欢快的音乐
2	特写	左侧正拍	爸爸坐在沙发上看书，抬起头	哦，回来啦。考试考得怎么样啊？	1 秒	欢快的音乐
3	全景	平拍	儿子把书包放在茶几旁，打开书包，拿出试卷，双手高高举起		0.5 秒	欢快的音乐
4	特写	俯拍	100 分的试卷	你看，我考了 100 分！	0.5 秒	欢快的音乐
5						
6						

活动三　剧情短视频的拍摄与剪辑

活动描述

林凯撰写完剧本和脚本后，需要进行剧情短视频的制作。剧情的演绎非常重要，人物的表现、情节的发展都离不开表演。参演人员具备良好的表演素质，可以大大提高拍摄的效率，降低剪辑的难度。

拍摄剧情短视频，与其他短视频不一样的地方在于角色的塑造。而角色的塑造离不开人物造型及人物台词。林凯召集了所有参演人员及拍摄团队，自己作为导演，先帮助演员进行角色塑造，再进行拍摄与剪辑。

**活动实施**

步骤一：塑造角色。

学一学

为了形成反差，抓住受众的眼球，一般有 3 种角色塑造的方法。

第一种是采用一人分饰多角的方法进行角色塑造。一人分饰多角时，需要通过假发、不同风格、不同性别的服装、饰品等道具进行区分。如某抖音账号，一人说不同的方言扮演 5 个以上角色，展现搞笑的南北差异，获得了不少粉丝的关注。

第二种是反串，以男生反串女生居多。如某账号一人分饰两角，男演员反串妈妈，通过剪辑，表演儿子和妈妈的搞笑日常生活。

第三种是多人合作出演。由多人表演的角色塑造常常是本色出演，也有一人出镜本色出演，另一人以拍摄者的身份声音出演。这样的角色塑造更能让观众产生代入感，提升观众的体验感，提高信任度。如某账号展示的是两个闺蜜，一人拍摄另一人的搞笑日常，获得了 400 万粉丝。

林凯根据活动二中确定的剧本，考虑到工作室好几位小伙伴都喜欢表演，决定采用多人合作出演的方式进行角色塑造，根据每个人的性别、性格等安排角色，并由团队一起为角色准备相应服饰及所需的道具。林凯明确了角色的设定（见表 6-4-4），并帮助团队成员完成角色塑造。

表 6-4-4　角色设定及道具表

角　色	演　员	角色性别	角 色 性 格	角 色 打 扮	使 用 道 具
儿子	安安	男	活泼，聪明伶俐	成人扮演小学生，穿着小学校服，戴红领巾	书包、红领巾、小学校服
爸爸	大强	男	憨厚、慈爱	穿着休闲，家居服	玻璃罐奶茶 2 桶以上

步骤二：拍摄及剪辑。

根据"书包与秋天的第一杯奶茶"的剧情所需，林凯选择了家庭客厅作为短视频拍摄场景。在家庭客厅中布置好灯光，确保光线明亮。然后，参照前面所讲授的拍摄及剪辑方法进行拍摄与剪辑。

值得注意的是，剧情短视频需要多次排演，每位参演人员都要预先熟记台词，做好装扮，准备好道具，再进行拍摄。本次设计的剧情并不复杂，台词不多，主要是奶茶罐破裂后，爸爸和儿子的表情变化最具戏剧性。林凯非常在意这个表情的表现和拍摄角度，因此，进行了多次拍摄，最终得到了满意的片段。

练一练

请以小组为单位，根据活动二完成的脚本拍摄素材，进行排演后再进行拍摄。剪辑成一个时长 3 分钟以内的视频，添加背景音乐、字幕，并且导出一个比例为 4∶3、分辨率为 1080P、帧率为 30fps 的视频文件。完成后以小组为单位，在线上进行提交。

【项目评价】

填写"项目完成情况效果评测表"，完成自评、互评和师评。

项目完成情况效果评测表

组别：   学生姓名：

项目名称	序　号		评测依据	满分分值	评价分数		
					自评	互评	师评
职业素养考核项目（40%）	1		具有责任意识、任务按时完成	10			
	2		全勤出席且无迟到早退现象	6			
	3		语言表达能力	6			
	4		积极参与课堂教学，具有创新意识和独立思考能力	6			
	5		团队合作中能有效地合作交流、协调工作	6			
	6		具备科学严谨、实事求是、耐心细致的工作态度	6			
专业能力考核项目（60%）	7	产品介绍短视频制作实战	能够完成产品介绍短视频的前期策划，了解发布平台要求、确定商品卖点、编写产品文案及脚本；能够布置拍摄场景，进行短视频素材拍摄；能对拍摄的素材进行粗剪、精剪、添加音乐、转场效果、字幕等剪辑操作	15			
	8	美食短视频制作实战	能够为美食短视频编写脚本、搭建场景、布置灯光；能够适当选用拍摄角度和景别对脚本的每个分镜头进行拍摄；能够对拍摄的素材进行筛选、粗剪、添加音乐、转场效果、字幕等剪辑操作	15			
	9	知识短视频制作实战	能够确定知识短视频的定位、进行选题收集；能够选择合适的视频表现形式，完成知识短视频文案及脚本撰写；能够对知识短视频进行拍摄与剪辑	15			
	10	剧情短视频制作实战	能够进行剧情短视频创意策划，寻找灵感、构思内容、设计反转；能够进行剧情短视频剧本及脚本撰写；能够选择合适的角色塑造方式，完成拍摄及剪辑	15			
评价总分							
项目总评得分	自评（20%）+互评（20%）+师评（60%）=				得分		
本次项目总结及反思							

【项目检测】

一、单选题

1．三点照明法的 3 个光源不包含以下哪个？（　　　）

A．主光　　　　　　　B．逆光　　　　　　　C．辅助光　　　　D．轮廓光

2．知识短视频常见的表现形式不包括以下哪个？（　　　）

A．图文形式　　　　　　　　　　　B．动画形式

C．现成视频素材混剪　　　　　　　D．情境形式

3．剧情短视频角色塑造的方式不包含以下哪种？（　　　）

A．一人分饰多角　　　　　　　　　B．动画人物出镜

C．反串　　　　　　　　　　　　　D．本色出演

4．展示美食的纹理及细节一般采用何种拍摄景别？（　　　）

A．全景　　　　　　　B．中景　　　　　　　C．特写　　　　　　D．近景

5．下面哪种构图法拍出来的画面能给人一种立体感和稳定感？（　　　）

A．对角线构图　　　　B．切图构图　　　　C．三分构图　　　D．三角形构图

6．淘宝网规定在商品头图中的产品介绍短视频不可以出现以下哪个？（　　　）

A．产品细节　　　　B．产品全景　　　　C．第三方水印　　　D．商家 LOGO

二、多选题

1．剧情短视频的特点包括（　　　）。

A．趣味性　　　　　　B．生活化　　　　　　C．多反转　　　　D．正能量

E．实用性

2．知识短视频包含以下哪几类？（　　　）

A．生活技能类　　　　B．科普类　　　　　C．人文艺术类　　　D．教育类

E．母婴类

3．知识短视频文案撰写的技巧包括（　　　）。

A．重视黄金三秒　　　　　　　　　B．钩子定律，植入诱惑

C．分点阐述，举例说明　　　　　　D．花式互动，引发思考

E．结尾设计一个优秀的 slogan

4．如果想要突显美食的形状、轮廓，那么最好采用何种补光方式？（　　　）

A．顺光　　　　　　B．侧光　　　　　　C．逆光　　　　　D．辅助光

E．顶光

三、简答题

1．请简述素材筛选的流程。

2．剧情短视频与电影、电视剧的不同主要表现在哪里？

3．拍摄好看的美食短视频的动作画面，要注意哪些技巧？